Python 程序设计与案例解析

袁国铭　编著

清华大学出版社
北京交通大学出版社
·北京·

内 容 简 介

　　本书通过案例解析的方式介绍了 Python 基础知识。全书分为 18 章，内容包括：Python 学前准备、认识 Python 编程、Python 基础语法、简单数据类型与运算符、字符串类型、列表与元组、分支结构、循环结构、异常处理、集合与字典、函数与模块、面向对象编程、文件、常用基础库、数据库应用开发、NumPy 数组与矩阵运算、Pandas 数据分析和 Matplotlib 数据可视化等，涵盖了 Python 基础、Python 数据存储与分析、Matplotlib 数据可视化等内容，案例翔实。

　　本书适合作为高等院校计算机、大数据、数据科学或其他相关专业教材，也适合从事相关工作的工程师和爱好者阅读参考。

图书在版编目（CIP）数据

Python 程序设计与案例解析 / 袁国铭编著. —北京：北京交通大学出版社 ：清华大学出版社，2023.2
　ISBN 978-7-5121-4887-1

Ⅰ．① P⋯　Ⅱ．① 袁⋯　Ⅲ．① 软件工具–程序设计　Ⅳ．① TP311.561

中国国家版本馆 CIP 数据核字（2023）第 023353 号

Python 程序设计与案例解析
Python CHENGXU SHEJI YU ANLI JIEXI

责任编辑：韩素华
出版发行：清 华 大 学 出 版 社　　邮编：100084　　电话：010-62776969
　　　　　北京交通大学出版社　　邮编：100044　　电话：010-51686414
印 刷 者：北京鑫海金澳胶印有限公司
经　　销：全国新华书店
开　　本：185 mm×260 mm　　印张：16.75　　字数：426 千字
版 印 次：2023 年 2 月第 1 版　　2023 年 2 月第 1 次印刷
印　　数：1～2 000 册　　定价：58.00 元

本书如有质量问题，请向北京交通大学出版社质监组反映。对您的意见和批评，我们表示欢迎和感谢。
投诉电话：010-51686043，51686008；传真：010-62225406；E-mail：press@bjtu.edu.cn。

前 言 / PREFACE

  编写本书源于给本科生开设 Python 程序设计课程。市面上虽然已经有了较多的 Python 教材，但普遍都有章节之间知识缺乏连贯性，每一个知识点的案例解析不够到位的情况。另外，有一部分教材更偏重于理论，实践案例较少。以上原因导致对于普通高校学生而言，编程内容不够浅显易懂，对广大高校学生掌握大数据、人工智能时代的基础语言，学会利用计算机进行相关行业的数据处理与分析特别不利。故此，从 2020 年开始，编者用了两年的时间，终于完成了书稿的撰写。

  本书弱化了理论，偏重于通过实例介绍知识，对于没有任何计算机基础的学生或者职场小白，都可以通过阅读本书掌握 Python 程序编写方法。

  本书涵盖了 Python 基础、Python 数据存储与分析、面向对象编程和 Matplotlib 数据可视化等内容，案例翔实。在编写过程中，编者得到了杨秋格、董付国、袁静、刘海军、陈福明等老师的诸多帮助，在此深表感谢！

  本书的所有案例都配有实验代码，方便读者边学边练，快速掌握。谨将本书献给勇于探索新知识的新一代热爱学习的人！

  本书受到防灾科技学院"面向新工科《Python 大数据分析及应用》课程知识体系研究"重点教研项目（JY2020A10）和 2022 年教材建设项目支持。

袁国铭

2023 年 1 月

目 录 /CONTENTS

I

第 1 章 Python 学前准备

1.1 why、what、how

1. Python 是什么

Python 是一门跨平台、开源、免费的解释型高级动态编程语言，也是能整合多种不同语言程序的胶水语言，它是一门大数据、人工智能时代基础的计算机编程语言。

2. 为什么要学习 Python

Life is short，you need Python.（人生苦短，你需要 Python。）

——吉多·范·罗苏姆（Guido van Rossum）

（1）Python 的设计哲学：优雅、明确、简单。

（2）C、Java 等语言是为软件开发而设计的，并不满足于数据分析和数据科学处理的需要；Python 设计的目的：满足数据分析和数据科学项目的需要。

（3）TIOBE 2022 年 1 月编程语言排行榜（https://www.tiobe.com/tiobe-index/）第一名。

2022 年 1 月 TIOBE 编程语言排名前十位

Jan 2022	Jan 2021	Change		Programming Language	Ratings	Change
1	3	^		Python	13.58%	+1.86%
2	1	˅		C	12.44%	-4.94%
3	2	˅		Java	10.66%	-1.30%
4	4			C++	8.29%	+0.73%
5	5			C#	5.68%	+1.73%
6	6			Visual Basic	4.74%	+0.90%
7	7			JavaScript	2.09%	-0.11%
8	11	^		Assembly language	1.85%	+0.21%
9	12	^		SQL	1.80%	+0.19%
10	13	^		Swift	1.41%	-0.02%

　　TIOBE 排行榜是根据互联网上有经验的程序员、课程和第三方厂商的数量，并使用搜索引擎（如 Google、Bing、Yahoo!）及 Wikipedia、Amazon、YouTube 和 Baidu（百度）统计出排名数据，反映当前业内程序开发语言的流行使用程度。

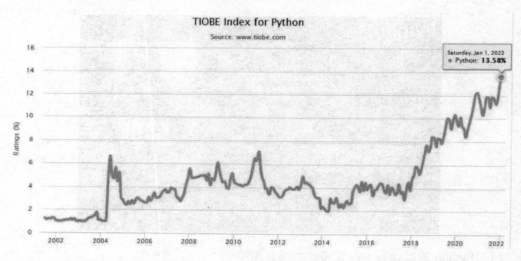

　　很久以前，作为 Perl 的竞争对手，Python 就开始成为系统管理员编写脚本的工具。如今，它在数据科学、机器学习等领域也颇受欢迎，同时，Python 也适用于 Web 开发、后端、移动应用程序开发，甚至是（较大的）嵌入式系统等领域。Python 之所以被大规模采用，主要原因还要归结于其简单易上手的特性，极大地提高了生产效率。依照 2022 年 1 月 TIOBE 排行榜来看，Python 依然广受欢迎，其占有率达到 13.58%，分数领先其他语言 1.86%。

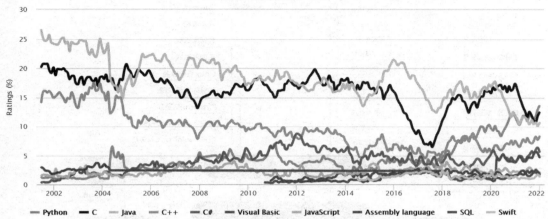

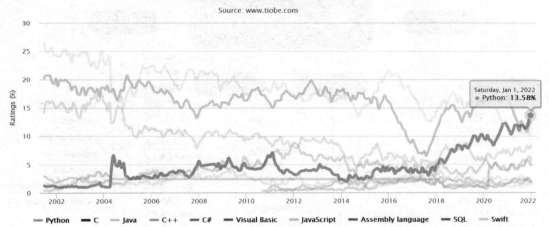

总结：Python 是大数据、人工智能时代的基础计算机编程语言，必学不可！

3. Python 学什么

通常"Python is everything"，意思是"Python 能做任何事"。问学什么，首先要看你想做什么。先聊聊 Python 能做什么，爬虫、Web 开发、桌面开发、自动化运维、自动化测试、数据分析、机器学习、深度学习等，都是 Python 能做的事。

然后讲你要学什么。首先，基础是必须学的：环境安装、变量、函数、常用模块、面向对象、文件处理、网络编程、并发编程等。

这个学完就开始分方向了，例如，你想学 Web 开发，那就学前端、数据库、Django、Redis 等；你要做爬虫，简单的前端开发，就学 Http 协议、Requests、Bs4、Scrapy 等；你要做数据分析，就学 NumPy、Pandas、Matplotlib、Sklearn 及统计学与概率论等。

总之，Python 能做的事很多，你需要学的也很多，先努力把基础打扎实吧。

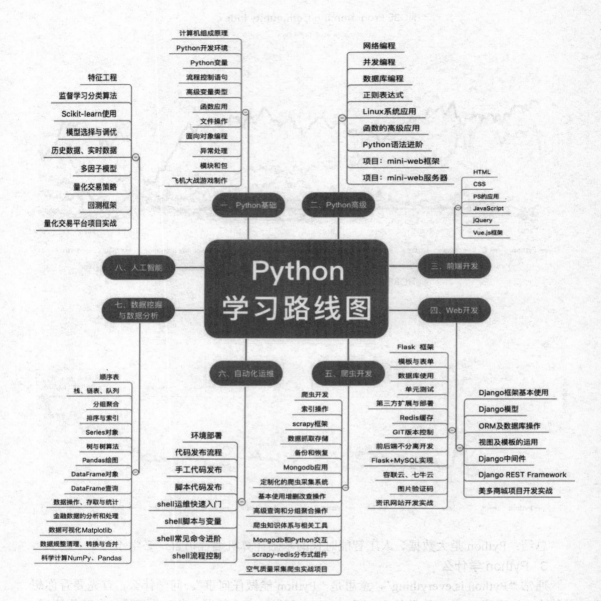

4. 怎么学 Python

怎样才能在学习 Python 过程中少走弯路？没有捷径，越是底层的、收益周期越长的技能越是这样。"大道甚夷，而人好径，终为所误"，我们总会在踩了无数的坑后，才恍然大悟：捷径往往是最长的弯路。学习一门领域的知识，对于普通人在短时间内从 0 到 1 入个门，倒是不难，但是从 1 到 10，再到 100，进阶为高手，没有长时间的投入和刻意练习，无异于痴人说梦。当我们理解这个道理，也知道自己并非属于天选之子时，就不会急于求成而去费尽心思想找到一条捷径——试图用 3 个月的时间，去完成别人用了 3 年才能做到的事情。只有用对方法，有一个完整的学习脉络规划和逻辑主线的贯穿，循序渐进，学 Python 才能很高效。

1）选择好方向

学习 Python 是为了解决实际问题，但"Python is everything"，基础学习完毕，就需要选择学习方向了，如 Web 开发、数据分析、人工智能等；然后学习相应的知识。

2）规划好路径

选好方向后，下一步顺着这个方向，建立学习路径地图。这个路径是一条逻辑主线，它会让我们知道每个部分需要完成的目标是什么，需要学习哪些知识点，哪些知识是暂时不必要的，形成正向刺激，激励后续的学习。

例如，确定数据分析方向，按照数据分析的流程"数据获取—数据处理—数据分析—数据可视化"这个路径，给自己建立了学习路径地图。

1. Python基础知识
2. 爬虫基本知识+SQL
3. NumPy
4. Pandas
5. Matplotlib
6. Sklearn
7. 统计学与概率论

3）选择好的教材

对一个领域完全零基础的人，想要开始学习它的话，真正重要的工作是先对这个领域的基本概念建立认知，选择好的教材是必需的途径。

4）学习的注意事项

① 一开始绝不陷入底层原理和细枝末节的纠缠；

② 最好是按照系统性的课程或书本来学习；

③ 循序渐进、学以致用，注重代码实践。

简而言之，制定学习路径地图能够帮我们明确清晰的学习目标。

1.2　Python 概述

1. Python 的起源与发展

Python 的起源，得从它的创始人吉多·范·罗苏姆（Gudio van Rossum）说起。吉多是一位荷兰程序员，1982 年在阿姆斯特丹大学获得数学和计算机科学硕士学位。在取得硕士学位的同年，吉多加入 CWI（数学与计算机科学国家研究所），在这期间，吉多参与研发了一种高级编程语言——ABC，这款以教学为目的的语言相比当时的 BASIC、C 语言更加容易阅读、使用、记忆和学习，但是它并没有流行起来。吉多在后来表示，ABC 语言没有成功的原因在于它没有开源，但是仍然让他看到了把编程语言变得"让用户感觉更好"的希望。

很多伟大的产品往往是其作者打发时间的产物，Python 也是如此。1989 年圣诞节，待在阿姆斯特丹的吉多闲得无聊，想起之前开发 ABC 语言时还留下些问题没有解决，他决定写个脚本解释语言打发时间，Python 也因此而诞生。之所以选中 Python（蟒蛇）作为程序的名字，是由于他是 BBC

电视剧——《蒙提·派森的飞行马戏团》（*Monty Python's Flying Circus*）的爱好者。吸取了

ABC 语言因没有开源而失败的经验，吉多将 Python 语言上传至开源社区，并且实现了 ABC 语言未曾实现的部分功能。

由于 Python 语言的简洁性、易读性及可扩展性，越来越多的机构和个人开始使用它，如今这门受用户欢迎、用途广泛的编程语言风靡全球，被认为是最好的编程语言之一。目前，Python 提供了 Python 2.× 和 Python 3.× 两种版本，两种版本语法有很多不同，本书采用 Python 3.8 版本。

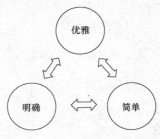

2. Python 的特点

（1）简单。Python 是一种代表简单思想的语言。

（2）易学。Python 有极其简单的语法。

（3）免费、开源。Python 是 FLOSS（自由/开放源码软件）之一。

（4）高层语言。使用 Python 编写程序时无须考虑如何管理程序使用的内存一类的底层细节。

（5）可移植性。Python 已被移植到很多平台，这些平台包括 Linux、Windows、FreeBSD、Macintosh、Solaris、OS/2、Amiga、AROS、AS/400、BeOS、OS/390、z/OS、Palm OS、QNX、VMS、Psion、Acom RISC OS、VxWorks、PlayStation、Sharp Zaurus、Windows CE，甚至还有 PocketPC。

（6）解释性。可以直接从源代码运行。在计算机内部，Python 解释器把源代码转换为字节码的中间形式，然后再把它翻译成计算机使用的机器语言。

（7）面向对象。Python 既支持面向过程编程，也支持面向对象编程。

（8）可扩展性。部分程序可以使用其他语言编写，如 C/C++。

（9）可嵌入型。可以把 Python 嵌入到 C/C++程序中，从而提供脚本功能。

（10）丰富的库。Python 标准库很庞大。它可以帮助处理各种工作，包括正则表达式、文档生成、单元测试、线程、数据库、网页浏览器、CGI、FTP、电子邮件、XML、XML-RPC、HTML、WAV 文件、密码系统、GUI（图形用户界面）、Tk 和其他与系统有关的操作。

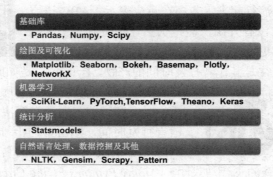

3. Python 与其他语言的对比

（1）Python 除了简单、免费、兼容性好，既支持面向过程编程，也支持面向对象编程，同时有大量第三方库扩展功能外，优势之一是开发编程代码量相对于其他语言大为减少。

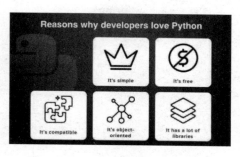

同一个问题，用不同的语言解决，代码量差距还是很大的，一般情况下 Python 是 Java 的 1/5～1/3。

下面以一个最简单的入门级「Hello World」为例，对比几大主流编程语言的代码量。

```java
Java
public class HelloWorld {
    public static void main(String[] args)
{
        System.out.println("Hello World!");
    }
}
```

```c
C
#include<stdio.h>
 int main(void)
{
    printf("Hello,World!\n");
    return 0;
}
```

```python
Python
print("Hello World");
```

（2）Python 的另外一个优势是，对于大数据量的处理与分析，它的开发和处理效率几乎是最高的语言。

如果编程语言是一种刀

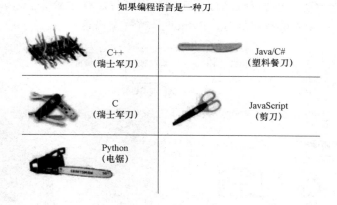

4. Python 的运行方式

Python 语言是如何在计算机中执行的？计算机不能直接理解任何除机器语言以外的语言，所以必须要把程序员所写的程序语言翻译成机器语言，计算机才能执行程序。将其他语言翻译成机器语言的工具，称为编译器。

编译器翻译的方式有两种：一个是编译，另外一个是解释。两种方式之间的区别在于翻译时间点的不同。当编译器以解释方式运行的时候，也称为解释器。

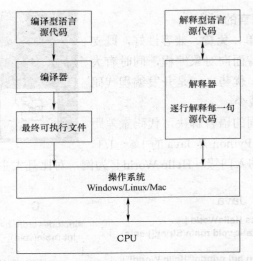

（1）编译型语言。程序在执行之前需要一个专门的编译过程，把程序编译成机器语言的文件，运行时不需要重新翻译，直接使用编译的结果就行了。程序执行效率高，依赖编译器，跨平台性差些，如 C、C++ 等。

（2）解释型语言。对使用解释型语言编写的程序不进行预先编译，以文本方式存储程序代码，会将代码一句一句地直接运行。在发布程序时，看起来省了道编译工序，但是在运行程序的时候，必须先解释再运行。Python 是解释型语言。

编译型语言和解释型语言的对比如下：
- 速度——编译型语言比解释型语言执行速度快；
- 跨平台性——解释型语言比编译型语言跨平台性好。

1.3　Python 集成开发环境

1. Python 常见集成开发环境

集成开发环境（integrated development environment，IDE）是指：用于提供程序开发环境的应用程序，一般包括代码编辑器、编译器、调试器和图形用户界面工具。IDE 是集成了代码编写功能、分析功能、编译功能、调试功能等于一体的开发软件服务套。Python 的 IDE 有多种，如下图所示。

1）PyCharm

PyCharm 由著名软件开发公司 JetBrains 开发。在涉及人工智能和机器学习时，它被认为是最好的 Python IDE。最重要的是，PyCharm 合并了多个库（如 Matplotlib 和 NumPy），帮助开发者探索更多可用选项。

下载地址：https://www.jetbrains.com/pycharm/download/

2）Visual Studio Code

Visual Studio Code 有时会与 Visual Studio IDE 混淆，后者并非 Python 使用者常用的工具。Visual Studio Code 是完整的代码编辑器，具备很多优秀功能，许多程序员称其为最好的 IDE 编辑器。

下载地址：https://code.visualstudio.com/Download

3）IDLE

IDLE 代码编辑器深受学生欢迎，它是 Python 自带编辑器。该编辑器使用简单、通用，且支持不同设备。在使用更复杂工具之前，开发者可以通过 IDLE 学习基础知识。

下载地址：https://www.python.org/downloads/

4）Jupyter

Jupyter 是基于 Web 的编辑器，包括 JupyterLab 和 Jupyter Notebook 两类。它允许开发者构建和运行脚本或 Notebook，相对简单，对用户也更加友好。Jupyter 还使用 Seaborn 和 Matplotlib 执行数据可视化。本书采用 Jupyter Notebook 作为编辑器。

2. Python 开发环境的安装

1）Anaconda 简介

Anaconda 是一个免费开源的 Python 和 R 语言的发行版本，用于计算科学（数据科学、机器学习、大数据处理和预测分析），它是编辑器和包管理的集成。Anaconda 对于初学 Python 的人很友好，一键安装，不必费心配置 Python 环境，也不用安装各种常用的库，就可以直接入手使用。

Anaconda 是一个 Python 数据科学百宝箱，利用 Anaconda 可研究数据处理、数据建模、机器学习、神经网络、自然语言处理、可视化展示、教学等。Anaconda 主要的数据科学库包括 Pandas、NumPy、Matplotlib、Jupyter、Scipy、iPython、Nltk、Notebook、Scikit-learn、Seaborn、xlrd、xlwt……

一般把这些数据科学库分为四大类：基础库（Jupyter、Pandas、NumPy、Scipy）、机器学习库（Keras、Tensorflow、Pytorch、Scikit-learn、Nltk）、可视化库（Matplotlib、Seaborn、Plotly）、拓展计算库（Numba、Dask、Pyspark）。

2）Anaconda 下载与安装

Anaconda 有个人版、商业版、团队版、企业版，除个人版不收费外，其他版本都需要付费使用。

下载地址：https://docs.anaconda.com/anaconda/install/

或：https://www.anaconda.com/products/individual

选择 Windows 后，进入下载页面，并弹出下载程序。

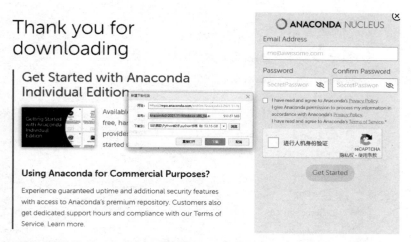

注意：如果操作系统是 Windows10 系统，注意在安装 Anaconda 软件时，右击安装软件，选择"以管理员身份运行"菜单。

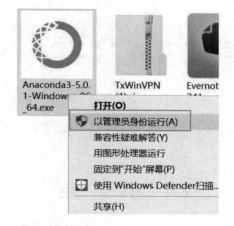

3. Jupyter Notebook 编辑器的使用

从开始菜单找到已安装的 Anaconda，然后选择 Jupyter Notebook。打开 Jupyter Notebook 后，选择菜单 New 中的 Python 3，即打开了 Python 的编辑窗口，Python 程序即可在 cell 中输入并运行。

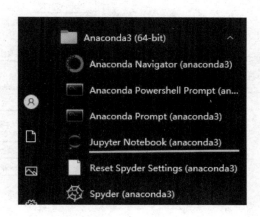

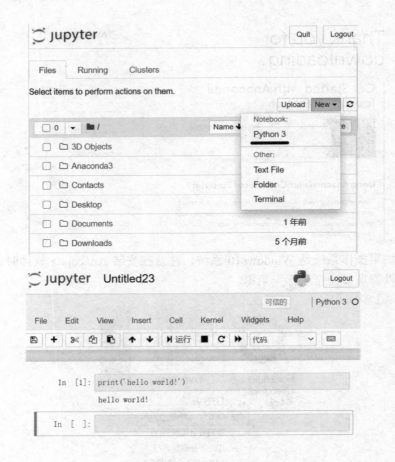

1.4 小 结

本章介绍的是正式开始学习 Python 编程前的准备工作，主要内容如下。

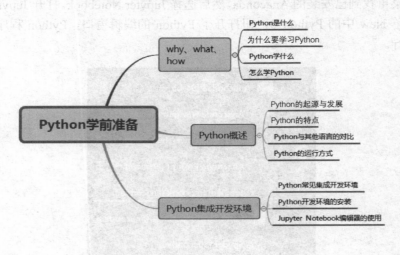

第 2 章　认识 Python 编程

2.1　IPO 编程模式

1. IPO 模式

程序设计代码一般包含三个部分：I（input）、P（process）、O（output）。

I：输入（input），程序的输入。

P：处理（process），程序的主要逻辑。

O：输出（output），程序的输出。

2. 采用 IPO 模式编写程序的一般步骤

（1）分析问题——问题的计算部分；

（2）确定问题——将计算部分划分为 IPO 三个部分；

（3）设计算法——完成计算部分核心处理算法；

（4）编写程序；

（5）调试测试；

（6）升级维护。

一般来说，编程学习初期，主要针对前 4 项进行学习。

2.2　第一个 Python 程序

1. IPO 实例

我们采用 IPO 程序设计模式，编写第一个 Python 程序。

例 2-1：到超市买苹果，每斤 5 元，买了 6 斤，一共支付了多少钱？

步骤：打开 Jupyter Notebook，在其中打开 Python 3，然后在 cell 中输入代码（见下图），接着单击菜单的"运行"（也可按 Ctrl+Enter 键运行），输入数据，最后得到结果。

最终结果如下：

```
apple_price=input('请输入苹果的单价：')
apple_weight=input('请输入苹果的重量：')
moneys=int(apple_price)*int(apple_weight)
print('需要支付的总金额为：',moneys)
```

```
请输入苹果的单价：5
请输入苹果的重量：6
需要支付的总金额为： 30
```

2. 输入函数 input()

input()是 Python 3 提供的标准数据输入函数，输入的所有数据均以字符串（string）形式返回。

格式：input（"提示文字"），使用方式如下例：

```
apple_price=input('请输入苹果的单价：')
apple_weight=input('请输入苹果的重量：')
```

Python 3 提供了标准内置函数 type()，查看输入数据的类型，如下例所示，即使输入整数，依然是以字符串的形式接收数据。

```
In  [1]:  type(input('请输入苹果的单价：'))
          请输入苹果的单价：5
Out[1]:  str
```

3. 数据处理 process

数据处理表示对输入数据按照一定的算法进行一系列的运算与操作，最终得到结果。以例 1 说明，它的数据处理部分如下：

```
moneys=int(apple_price)*int(apple_weight)
```

上式对输入的 apple_price 和 apple_weight 进行了数据转换，用 int()函数，完成了将输入的字符串数据转换为整数数据的功能，然后进行乘法运算，把结果赋值给变量 moneys。

注：如果不用 int()转换为整数，程序会报错，如下所示。

```
moneys=apple_price*apple_weight
```

```
NameError                                Traceback (most recent call last)
<ipython-input-2-0aded3b2f500> in <module>
———> 1 moneys=apple_price*apple_weight

NameError: name 'apple_price' is not defined
```

4. 输出函数 print()

print()是 Python 3 提供的标准输出函数，它一般用于将运行的结果显示出来，以供进一步分析处理。以例 1 说明，它的输出部分为：

$$print('需要支付的总金额为：', moneys)$$

可以通过 help（print）得到系统对 print 函数的详细参数说明：

```
help(print)
```

```
Help on built-in function print in module builtins:

print(...)
    print(value, ..., sep=' ', end='\n', file=sys.stdout, flush=False)

    Prints the values to a stream, or to sys.stdout by default.
    Optional keyword arguments:
    file: a file-like object (stream); defaults to the current sys.stdout.
    sep:  string inserted between values, default a space.
    end:  string appended after the last value, default a newline.
    flush: whether to forcibly flush the stream.
```

value,...,：表示可以一次性输出多个数据。

sep：表示多个数据之间的间隔符号，默认为空格。

end：表示 print()函数运行完毕后默认换行。

file：表示数据在显示器（系统标准输出设备）输出。

flush：表示数据缓存。

注：其中用到最多的是前面三个部分。

2.3　用 Jupyter Notebook 进行 Python 编程的注意事项

（1）Jupyter Notebook 是以 B/S 模式运行的，黑色窗口代表 Server 端，运行程序不能关闭它。

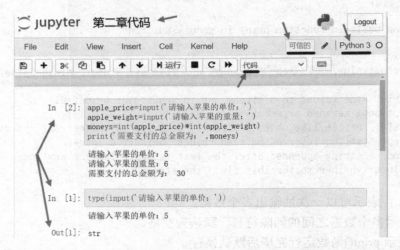

（2）以下几个箭头所指部分分别表示：Jupyter Notebook 当前的文件名为"第二章代码"，内核运行状态为"可信的"，内核版本为"Python 3"，当前的 cell 模式为"代码"。cell 的顺序，In 表示输入部分，Out 表示输出部分。

（3）Jupyter Notebook 的 cell 有两种运行状态：Edit 和 Esc。区别是 cell 边框颜色不同，当为绿色（green）时，表示 Edit 状态；当为蓝色（blue）时，表示 Esc 状态。

两种状态可以自由切换，切换方式如下图所示。

两种状态下的快捷键如下图所示，一般 Esc 状态下使用单键，Edit 状态下使用组合键。

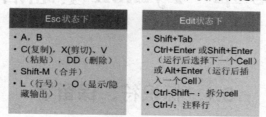

（4）建议初学者充分利用 Help 菜单提供的参考资料，如下图所示。

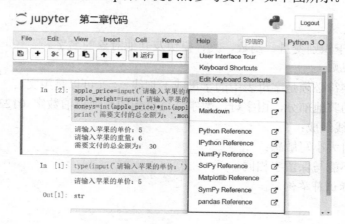

2.4 小　　结

本章讲授了第一个 Python 程序，结构如下。

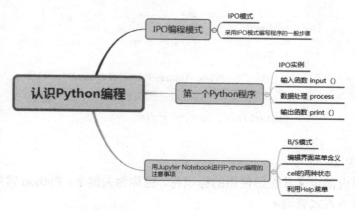

第3章　Python基础语法

3.1　标识符、保留字

1. 标识符

1）标识符定义

标识符是用于识别变量、函数、类、模块及其他对象的名字。

2）标识符规则

① 第一个字符必须是字母表中的字母或下划线 _ （可以是中文）；

② 标识符的其他部分，由字母、数字（这里指的是阿拉伯数字 0123456789，故不包含小数）和下划线组成；

③ 标识符对大小写敏感；

④ 标识符不能与保留字相同。

3）正确的标识符举例

```
In [8]: num1=23
        pi=3.14
        str1='python'
        true=True
        apple_price=5
```

4）错误的标识符举例

```
In [9]: 1value=45
        v0.1=5.67
        if=True
```

```
  File "<ipython-input-9-72a34177888d>", line 1
    1value=45
```

```
SyntaxError: invalid syntax
```

2. 保留字

1）保留字定义

被编程语言内部定义并保留使用的标识符，也称为关键字。Python 常用的保留字有 35 个，可以使用以下方式查询。

18

```
import keyword
print(keyword.kwlist)
print(len(keyword.kwlist))
```

```
['False', 'None', 'True', 'and', 'as', 'assert', 'async', 'awai
t', 'break', 'class', 'continue', 'def', 'del', 'elif', 'else',
'except', 'finally', 'for', 'from', 'global', 'if', 'import', 'i
n', 'is', 'lambda', 'nonlocal', 'not', 'or', 'pass', 'raise', 'r
eturn', 'try', 'while', 'with', 'yield']
35
```

注：保留字不能作为标识符用在变量名、常量名、类名等地方。

2）保留字的判断

可以通过 keyword 库中的 iskeyword()函数判断某一个标识符是否是保留字，如下例所示。

```
In [6]:  import keyword
         keyword.iskeyword('if')
```

Out[6]: True

3.2　注　释

Python 通过"注释"，对程序进行辅助性信息说明，编译器对注释部分并不运行。注释的最大作用是提高程序的可读性，优秀的项目团队都非常重视程序的注释。

1）单行注释

"#"之后即单行注释。

```
In [10]:  name='zhangsan'  #姓名
          number='00001'  #学号
```

2）多行注释

三对单引号（'）或三对双引号（"）括起来的部分即多行注释。

```
In [11]:  print('hello')
          '''
          这是一个多行注释
          ......
          这是多行注释。
          '''
          print('world')

          hello
          world
```

3）注意事项

① Python 多行注释不支持嵌套，所以下面的写法是错误的：

```
In [12]:  '''
          外层注释
          '''
              内层注释
              '''
          外层注释
          '''
```

```
File "<ipython-input-12-0e35736d95e8>", line 4
    内层注释
    ^
IndentationError: unexpected indent
```

② 不管是多行注释还是单行注释，当注释符作为字符串的一部分出现时，就不能再将它们视为注释标记，而应该看作正常代码的一部分，例如：

```
In [14]:  print('''hello Python!!''')
          print('#这是一个单行注释。')
```

```
hello Python!!
#这是一个单行注释。
```

4）注释的作用

给代码添加说明是注释的基本作用，除此以外，它还有另外一个实用的功能，就是用来调试程序。举个例子，如果你觉得某段代码可能有问题，可以先把这段代码注释起来，让 Python 解释器忽略这段代码，然后再运行。如果程序可以正常执行，则可以说明错误就是由这段代码引起的；反之，如果依然出现相同的错误，则可以说明错误不是由这段代码引起的。在调试程序的过程中使用注释可以缩小错误所在的范围，提高调试程序的效率。

3.3 变量的命名与使用

1. 变量的定义

在 Python 中，变量的概念基本上和初中代数中方程变量是一致的。例如，对于方程式 $y=x \cdot x$，x 就是变量。当 $x=2$ 时，计算结果是 4，当 $x=5$ 时，计算结果是 25。在计算机程序中，变量不仅可以是数字，还可以是任意数据类型。每个变量在使用前都必须被赋值，然后该变量才会被创建，等号（=）用来给变量赋值。=左边是一个变量名，=右边是存储在变量中的值，格式为：变量名=值

变量在被定义之后，后续就可以直接使用了。

```
name='zhangsan'
number='00001'
```

上例定义了两个变量：name、number。

注：一个 "=" 表示赋值，两个 "==" 表示判断左右两边值是否相等，如下例所示，第一行是变量赋值，第二行是变量打印输出，第三行是判断 name 与 lisi 字符串是否相等，

相等结果为 True，不相等结果为 False。在第 4 章还会详细讲解相关内容。

```
In [26]: name='zhangsan'
         print(name)
         print(name=='lisi')

         zhangsan
         False
```

2. 变量的命名

变量的命名必须符合标识符命名规则，目的是增加代码的识别和可读性，故此，应该尽可能遵循"见其名知其意"的原则，还要注意不要与保留字重名。

当变量名是由两个或多个单词组成的，还可以利用驼峰命名法来命名。

小驼峰命名法：第一个单词以小写字母开始，后续单词的首字母大写，如 firstName、lastName。

大驼峰命名法：每一个单词的首字母都采用大写字母，如 FirstName、LastName。

注：单词与单词之间尽量使用下划线（＿）连接，如 first_name、last_name、qq_number、qq_password。

3. 变量的类型

（1）Python 属于强类型编程语言，是一种动态类型语言，Python 解释器会根据赋值或运算来自动推断变量类型，变量的类型和值随时变化，始终为最后一次赋值的类型和值，如下例所示。

```
In [20]: x=3
         print(type(x))

         x='hello world!'
         print(type(x))

         x=[1,2,3]
         print(type(x))

         print(isinstance(x,list))
         print(isinstance(3,int))

         <class 'int'>
         <class 'str'>
         <class 'list'>
         True
         True
```

x 从 int 到 str 再到 list，可以用内置函数 isinstance()判断某个变量或数据的类型。

（2）变量的类型。变量属于什么数据类型是由 Python 对象模型决定的，对象是 Python 语言中最基本的概念，在 Python 中处理的一切都是对象。Python 中有许多内置对象可供编程者使用，常见的对象类型如下表所示。也可以大体分为两大类型：数字型和非数字型。

① 数字型，如 int、float、bool、complex。

② 非数字型，如 str、list、tuple、set、dict。

对象类型	类型名称	示例	简要说明
数字	int, float, complex	1234, 3.14, 1.3e5, 3+4j	数字大小没有限制，内置支持复数及其运算
布尔型	bool	True, False	逻辑值、关系运算符、成员测试运算符、同一性测试运算符组成的表达式的值一般为 True 或 False
字符串	str	'swfu', "I'm student", '"Python '", r'abc', R'bcd'	使用单引号、双引号、三引号作为定界符，以字母 r 或 R 引导的表示原始字符串
列表	list	[1, 2, 3], ['a', 'b', ['c', 2]	所有元素放在一对方括号中，元素之间使用逗号分隔，其中的元素可以是任意类型
字典	dict	{1:'food' ,2:'taste', 3:'import'}	所有元素放在一对大括号中，元素之间使用逗号分隔，元素形式为"键:值"
元组	tuple	(2, -5, 6)，(3,)	不可变，所有元素放在一对圆括号中，元素之间使用逗号分隔，如果元组中只有一个元素的话，后面的逗号不能省略
集合	set，frozenset	{'a', 'b', 'c'}	所有元素放在一对大括号中，元素之间使用逗号分隔，元素不允许重复；另外，set 是可变的，而 frozenset 是不可变的

4. 变量的存储

（1）变量一旦创建，一般包括 4 部分内容：① 变量名；② 变量保存的数据；③ 变量存储数据的类型；④ 变量的内存地址。

```
In [21]: name='zhangsan'
         print('变量name的值为：',name,'类型为：',type(name),'内存地址为：',id(name))

         变量name的值为： zhangsan 类型为： <class 'str'> 内存地址为： 1982750066032
```

（2）Python 采用的是基于值的内存管理方式，如果为不同变量赋值为相同值，这个值在内存中只有一份，多个变量指向同一块内存地址，如下例所示：

```
In [27]: x=3;y=3
         print(x,'的内存地址为：',id(x))
         print(y,'的内存地址为：',id(y))
         x=[1, 1, 1, 1, 1]
         print(x[0],'与',x[1],'的内存地址一致吗？',id(x[0])==id(x[1]))

         3 的内存地址为： 140727596889952
         3 的内存地址为： 140727596889952
         1 与 1 的内存地址一致吗？ True
```

赋值语句的执行过程是：首先把等号右侧表达式的值计算出来，然后在内存中寻找一个位置把值存放进去，最后创建变量并指向这个内存地址。Python 中的变量并不直接存储值，而是存储了值的内存地址或者引用，这也是变量类型随时可以改变的原因。

（3）变量的删除。Python 具有自动内存管理功能，对于没有任何变量指向的值，Python 自动将其删除。Python 会跟踪所有的值，并自动删除不再有变量指向的值。因此，Python 程序员一般情况下不需要太多考虑内存管理的问题。

尽管如此，显式使用 del 命令删除不需要的值或显式关闭不再需要访问的资源，仍是一个好的习惯，同时也是一个优秀程序员的基本素养之一。

```
In [28]: del x
```

5. 变量的运算

1）数字型变量之间可以直接运算

在 Python 中，两个数字型变量是可以直接进行算数运算的。如果变量是布尔型，在计算时，True 对应的数字是 1，False 对应的数字是 0。

演练步骤如下：

① 定义整数 i = 10；

② 定义浮点数 f = 10.5；

③ 定义布尔型 b = True；

④ 定义复数 x=5+6j；

⑤ 在 Jupyter Notebook 的 cell 窗口中，使用上述 4 个变量相互进行算术运算，如下例所示：

```
In [29]: i=10;f=10.5;b=True;x=5+6j
         print(i+f, i+b, i+x, f+b, f+x, b+x)

20.5 11 (15+6j) 11.5 (15.5+6j) (6+6j)
```

注，同一行可以有多个语句，但必须用分号割开。

2）数字型（变量）与字符串（变量）不可以直接运算

如下例所示：

```
name=' zhangsan'
age=10
print(name+age)
```

```
TypeError                           Traceback (most recent call last)
<ipython-input-30-599cea85359c> in <module>
      1 name=' zhangsan'
      2 age=10
----> 3 print(name+age)

TypeError: can only concatenate str (not "int") to str
```

错误类型：+运算不支持 int、str 型变量。

3）字符串（变量）之间的运算

① 在 Python 中，+运算符可以用于多个字符串的连接，如下例所示：

```
In [31]: 'zhang'+'san'+'今年18岁。'

Out[31]: 'zhangsan今年18岁。'
```

② 在 Python 中*运算符还可以用于字符串，计算结果就是字符串重复指定次数的结果，如下例所示：

```
In [32]: '*'*50
Out[32]: '**************************************************'
```

6. 变量的输入与输出

1）变量的输入

用户通过键盘向变量输入数据，Python 通常使用 input() 输入函数。由于 Python 3 把所有的输入数据都当作字符串类型，所以进行运算的时候一般需要将数字型数据通过 int() 或 float() 函数转换为对应的 int 型和 float 型数据。但是当不清楚输入的数据到底是什么类型的时候，最好选择 eval() 函数，它的功能是去掉引号，转变为输入数据本来的类型。如下例，当输入浮点数时，用 int() 转换就报错了。

```
num=input('请输入一个数据：')
print(num,type(num))
a=int(num)
b=float(num)

请输入一个数据：5.6
5.6 <class 'str'>
```

```
ValueError                                Traceback (most recent call last)
<ipython-input-33-3d3298cfa18b> in <module>
      1 num=input('请输入一个数据：')
      2 print(num,type(num))
----> 3 a=int(num)
      4 b=float(num)

ValueError: invalid literal for int() with base 10: '5.6'
```

把 int() 改为 eval()，则可顺利运行，如下例所示。

```
num=input('请输入一个数据：')
print(num,type(num))
#a=int(num)
a=eval(num)
b=float(num)
print(a,b,type(a),type(b))

请输入一个数据：5.6
5.6 <class 'str'>
5.6 5.6 <class 'float'> <class 'float'>
```

2）变量的输出

Python 通过 print() 函数将计算结果输出到屏幕。print() 函数的详细参数如下：

```
print(value, ..., sep=' ', end='\n', file=sys.stdout, flush=False)
```

① 分隔符。sep 参数指明前面的多个数据用什么符号分割，如下例所示，用 "："分割 3 个数据。

```
print('zhangsan','lisi','wangwu',sep=':')

zhangsan:lisi:wangwu
```

② 结束符。end 参数指明本次输出结束的符号，默认为 '\n'（换行符）。

```
print('hello',end=',')
print('python!')
```

hello,python!

3.4　缩　　进

Python 最具特色的是用缩进来标明成块的代码，同一缩进表示同一层次。一般用 4 个空格或 1 个 Tab 键表示单层缩进，8 个空格或两个 Tab 键表示双重缩进，依次类推。通常空格键缩进与 Tab 键不同时使用，如下例所示。

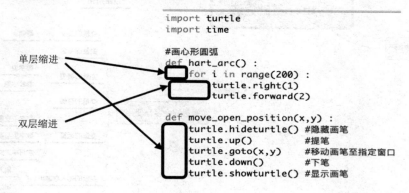

3.5　代　码　高　亮

无论是 Jupyter Notebook 还是 pycharm 或 Python 官方的 IDLE，不同的编译器都提供了代码高亮显示的功能，帮助编程者进行程序错误语法的判断。需要注意的是：代码高亮仅仅是色彩辅助体系，而不是语法要求。

对于 Jupyter Notebook 来说，可以安装第三方库 jupyterthemes 来设置背景和代码高亮的不同风格，读者可以自行尝试。

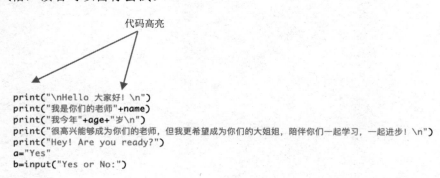

25

3.6 小　结

本章介绍了 Python 的基本语法，结构如下。

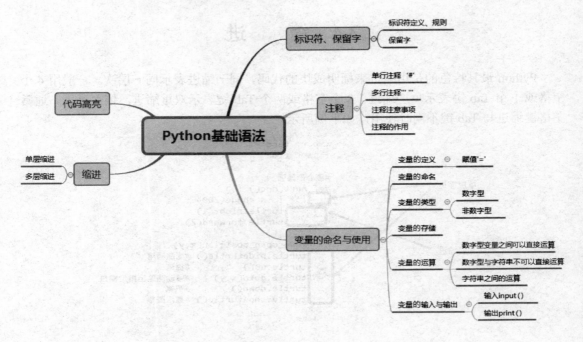

第4章 简单数据类型与运算符

4.1 简单数据类型

第 3 章简单介绍了变量的类型，本章进一步介绍其中的简单数据类型：整型（int）、实型（float）、布尔型（bool）、复数型（complex）和字符串（str）。其他类型一般称为高级数据类型，包括列表（list）、元组（tuple）、字典（dict）、集合（set），在后续章节陆续介绍。

1. 整型数据

整型数据（int）就是整数，可以有正负号。Python 中的整数与数学中的整数概念是同样的含义，在计算机内没有长度限制，可以无限大。整型数据一般有 4 种表示方法：二进制、八进制、十进制和十六进制。

（1）二进制：以 0b 或 0B 开头，后接数字 0 和 1。

（2）八进制：以 0o 或 0O 开头，后接数字 0～7。

（3）十进制：通常用的 0～9 数字即是。

（4）十六进制：以 0x 或 0X 开头，后接数字 0～9 和字母 A～F（或 a～f）。

例 4-1：四种整数类型。

```
In  [5]:   print(0b1101001,-0b11111111)    #二进制数据的正数和负数
           print(0o4567,-0o4546)           #八进制数据的正数和负数
           print(98765,-56788)             #十进制数据的正数和负数
           print(0xea56,-0xab46)           #十六进制数据的正数和负数

           105 -255
           2423 -2406
           98765 -56788
           59990 -43846
```

注：Python 中默认数据是十进制数，在 Jupyter Notebook 编辑器中会把各种不同进制数字数据自动转换为十进制数。

例 4-2：以下的数据都是错误的情况。

```
In [6]:  0b23100, -0b32100    #0b后面的数字只能是0, 1
         0o87654, -0o97653    #0o后面的数字只能是0, 1, 2, 3, 4, 5, 6, 7
         0xg34h3, -0xh3566    #0x后面的数字只能是0--9, a--f(或者A--F)
```

```
File "<ipython-input-6-64eefeeb3e09>", line 1
   0b23100, -0b32100
```

```
SyntaxError: invalid digit '2' in binary literal
```

2. 不同进制的转换

1）十进制转换为其他进制

① 除基留余法。将十进制数据转换为二进制，就是除八留余法；如果转换为八进制，就是除八留余法；如果转换为十六进制，就是除十六留余法。

例 4-3： 以 $(121)_{10}$ 转换成对应二进制为例。算法如下：

$$(121)_{10} = (111\,1001)_2$$

② 函数转换法。**Python** 提供了内置函数，帮助进行十进制转换成相应的进制。

例 4-4： 十进制转换为二进制、八进制、十六进制。

```
In [7]:  print(bin(254), bin(-254))    #将十进制数254用bin () 函数转换为二进制数
         print(oct(254), oct(-254))    #将十进制数254用oct () 函数转换为八进制数
         print(hex(254), hex(-254))    #将十进制数254用hex () 函数转换为十六进制数

         0b11111110 -0b11111110
         0o376 -0o376
         0xfe -0xfe
```

2）其他进制转换为十进制

事实上，**Python** 提供了以下两种方式，即内置函数 int()转换和自动转换。

例 4-5： 二进制、八进制、十六进制转换为十进制。

```
In [20]:  print(int("1010", base=2), int('1010', base=8), int('1010', base=16))
          print(0b1010, 0o1010, 0x1010)

          10 520 4112
          10 520 4112
```

int()函数，负责将以 base 参数为底的字符串数据转换为十进制数。通过 help(int)得到详细参数说明如下：

```
In [22]: help(int)

         Help on class int in module builtins:

         class int(object)
          |  int([x]) -> integer
          |  int(x, base=10) -> integer
```

注：需要明确，Python 只有整数才分成 4 类，小数是没有二进制、八进制、十六进制之分的。如下例所示，编译器会报错。

```
In [24]: 0b1.1, 0o4.56, 0xf.34

         File "<ipython-input-24-6b3e0629dea7>", line 1
           0b1.1, 0o456, 0xf34

SyntaxError: invalid syntax
```

3. 浮点数

浮点数（float）类型就是我们通常说的实数类型或者小数类型，Python 中有两种表示形式。

1）十进制表示形式

即小数形式，必须包含一个小数点。如下例所示：

```
In [27]: print(3.1415926, type(3.1415926))      #type()函数：测试参数的数据类型
         print(-98.2, type(-98.2))

         3.1415926 <class 'float'>
         -98.2 <class 'float'>
```

2）指数表示形式

它类似于数学中的科学计数法。Python 小数的指数表示形式，如下所示：

$$xEy \text{ 或者 } xey$$

例 4-6：将 123000 的科学计数法和 Python 中表示进行对比。

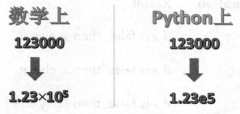

注：数据一旦写成指数形式，Python 一律认为是 float 数据。

```
In [29]: print(3e5, type(3e5))

         300000.0 <class 'float'>
```

4. 布尔类型

Python 中布尔值（bool）使用保留字中的常量 True 和 False 来表示"真"和"假"，注意大小写。比较运算符<、>、==、!=等返回的类型就是 bool 类型；布尔类型通常在 if 和 while 语句中应用。需要注意的是，在 Python 中，bool 是 int 的子类（继承 int），故 True==1，False==0 是会返回 Ture 的，如下例所示。

```
In  [34]:  print(1==True, 0==False)
           True True
```

1）True 或者 False 的判定

None、False、0、0.0、''、()、[]、{}等都被 Python 判定为 False。

```
In  [38]:  print(bool(''),  bool(0),bool(0.0),bool(()),  bool([]),  bool({}),bool(None))
           print(bool('ab'),bool(3),bool(1.5),bool((2,3)),bool([1,2]),bool({'a',34}))
           False False False False False False False
           True True True True True True
```

注：内置函数 bool()能判断数据对应的 bool 类型。

2）逻辑（布尔）运算符 and、or、not

布尔的三个运算符都为小写，运算规则如下：

```
In  [42]:  print((True and False),(False and True),(False and False),(True and True))
           print((True or False),(False or True),(False or False),(True or True))
           print((not True),(not False))
           False False False True
           True True False True
           False True
```

在进行具体的表达式运算时，遵循惰性原则：即只要知道整体结果，就不再往下进行运算，规则见下表。

Operation	Result
x or y	if *x* is false, then *y*, else *x*
x and y	if *x* is false, then *x*, else *y*
not x	if *x* is false, then True, else False

例 4-7：布尔运算的惰性原则。

```
In  [47]:  print((5 or 7),(5 and 7),(not 5))
           5 7 False
```

注：需要说明，逻辑运算符的运算结果不一定是布尔型，其运算遵循惰性原则，可能是任何类型。（如上例）

5. 复数类型

虚数不能单独存在，它们总是和一个值为 0.0 的实数部分一起构成一个复数（complex）。

表示虚数的语法：real+imagj

实数部分和虚数部分都是浮点数，虚数部分必须有 j 或 J。

1）复数的两种表示

一般为实部+虚部 j，也可以用内置函数 complex() 表示复数，如下例所示。

```
In  [49]:  print(1+2j, type(1+2j))
           print(complex(3,4), type(complex(3,4)))

           (1+2j) <class 'complex'>
           (3+4j) <class 'complex'>
```

2）复数的常用方法

复数的常用方法包括：求复数的实部、虚部、共轭复数和模，如下例所示。

例 4-8：求复数 3+4j 的实部、虚部、共轭复数和模长。

```
In  [57]:  a=3+4j
           print(a.real)        #a的实部
           print(a.imag)        #a的虚部
           print(a.conjugate()) #a的共轭复数
           print(abs(a))        #a的模长

           3.0
           4.0
           (3-4j)
           5.0
```

6. 字符串

用单引号、双引号或三引号界定的符号系列称为字符串。单引号、双引号、三单引号、三双引号可以互相嵌套，用来表示复杂字符串，例如：'abc'、'123'、'中国'、"Python"、'''Tom said, "Let's go"'''。

字符串属于不可变序列；空字符串表示为''或 ""；一对三单引号（''' '''）或一对三双引号（""" """）表示的字符串可以换行，支持排版较为复杂的字符串；三引号还可以在程序中表示较长的注释，第 5 章详细介绍字符串的使用。

例 4-9：字符串举例。

```
In  [2]:  s="I'm a student, I like python"
          print(s, type(s))

          I'm a student, I like python <class 'str'>
```

31

4.2 常用运算符及优先级

1. 算术运算符

1）常用算术运算符

算术运算符是完成基本的算术运算使用的符号，用来处理四则运算，同数学上的算术运算法则一致，如下表所示。

运算符	描述	实例
+	加	10 + 20 = 30
-	减	10 - 20 = -10
*	乘	10 * 20 = 200
/	除	10 / 20 = 0.5
//	取整除	返回除法的整数部分（商）9 // 2 输出结果 4
%	取余数	返回除法的余数 9 % 2 = 1
**	幂	又称次方、乘方，2 ** 3 = 8

2）算术运算符的优先级

和数学中的运算符的优先级一致，在 Python 中进行数学计算时，同样也是：

① 先乘除后加减；

② 同级运算符是从左至右计算；

③ 可以使用( )调整计算的优先级。

下表中的算术运算符的优先级按由高到最低顺序排列。

运算符	描述
**	幂 （最高优先级）
* / % //	乘、除、取余数、取整除
+ -	加法、减法

例 4-10：灵活运用算术运算符进行三位数的倒序输出。

```
In  [11]:  num=456
           g=num%10
           s=num//10%10
           b=num//100
           print(num,'的逆序为：', g*100+s*10+b)

456 的逆序为：  654
```

2. 比较（关系）运算符

比较运算符用来比较它们两边的值，并确定它们之间的关系。它们也称为关系运算符。假设变量 a 的值是 10，变量 b 的值是 20，则

运算符	描述	示例
==	如果两个操作数的值相等，则条件为真	（a==b）求值结果为 False
!=	如果两个操作数的值不相等，则条件为真	（a !=b）求值结果为 True
>	如果左操作数的值大于右操作数的值，则条件成为真	（a>b）求值结果为 False
<	如果左操作数的值小于右操作数的值，则条件成为真	（a<b）求值结果为 True
>=	如果左操作数的值大于或等于右操作数的值，则条件成为真	（a>=b）求值结果为 False
<=	如果左操作数的值小于或等于右操作数的值，则条件成为真	（a<=b）求值结果为 True

3. 逻辑运算符

Python 语言支持以下逻辑运算符。假设变量 a 的值为 True，变量 b 的值为 False，那么

运算符	描述	示例
and	如果两个操作数都为真，则条件成立	（a and b）的结果为 False
or	如果两个操作数中的任何一个非零，则条件成为真	（a or b）的结果为 True
not	用于反转操作数的逻辑状态	not（a and b）的结果为 True

不同数据类型对应的 True 和 False 见下表。

数据类型	False	True
整型	0	其他
浮点型	0.0	其他
字符串	''	其他
字典	{}	其他
元组	()	其他
列表	[]	其他
None	None	

4. 赋值运算符

假设变量 a 的值是 10，变量 b 的值是 20，则

运算符	描述	示例
=	将右操作数的值分配给左操作数	c=a+b 表示将 a+b 的值分配给 c
+=	将右操作数加到左操作数，并将结果分配给左操作数	c+=a 等价于 c=c+a
−=	从左操作数中减去右操作数，并将结果分配给左操作数	c−=a 等价于 c=c−a
*=	将右操作数与左操作数相乘，并将结果分配给左操作数	c*=a 等价于 c=c*a
/=	将左操作数除以右操作数，并将结果分配给左操作数	c/=a 等价于 c=c/a
%=	将左操作数除以右操作数的模数，并将结果分配给左操作数	c%=a 等价于 c=c%a
**=	执行指数（幂）计算，并将值分配给左操作数	c**=a 等价于 c=c**a
//=	运算符执行地板除运算，并将值分配给左操作数	c//=a 等价于 c=c//a

例 4-11：复合运算符的实例。

```
In [50]: x=5;x+=3;print(x)
         x=5;x-=3;print(x)      #;可以用于把多个语句放到一行。
         x=5;x*=3;print(x)
         x=5;x/=3;print(x)
         x=5;x%=3;print(x)
         x=5;x**=3;print(x)
         x=5;x//=3;print(x)

         8
         2
         15
         1.6666666666666667
         2
         125
         1
```

Python 允许同时对多个变量赋值，也支持两个变量的互换。

例 4-12：多变量赋值及互换实例。

```
In [51]: a,b=3,5
         print('a=',a,'b=',b)
         a,b=b,a
         print('a=',a,'b=',b)

         a= 3 b= 5
         a= 5 b= 3
```

5. 按位运算符

按位运算符执行逐位运算。假设变量 a = 60；和变量 b = 13；Python 的内置函数 bin()
可用于获取整数的二进制表示形式。a=bin(60)=0b0011 1100，b=bin(13)=0b0000 1101。

注：按位运算符会自动将数据扩展为 8 位数，参见以上 a 和 b 的二进制形式。

运算符	描述	示例
&	两个数自动转换为二进制后，按位进行与运算	a&b 结果为 0000 1100
|	两个数自动转换为二进制后，按位进行或运算	a|b 结果为 0011 1101
^	两个数自动转换为二进制后，按位进行异或运算	a^b 结果为 0011 0001
~	二进制的补码	~a=-61
<<	二进制右移，低位补 0	a<<2 结果为 1111 0000
>>	二进制左移，高位补 0	a>>2 结果为 0000 1111

6. 成员运算符

Python 中成员运算符用于测试给定值是否为序列中的成员，序列包括：字符串、列表和元组等，Python 提供两个成员运算符。

运算符	描述
in	如果在指定的序列中找到一个变量的值，则返回 True，否则返回 False
not in	如果在指定序列中找不到变量的值，则返回 True，否则返回 False

例 4-13：成员运算符在字符串中的应用。

```
In [60]: print('p' in 'python','P' not in 'python')
         True True
```

7. 身份运算符

身份运算符用于比较两个变量的内存地址是否一致，常用两个运算符。

运算符	描述
is	如果运算符任一侧的变量指向相同的对象，则返回 True，否则返回 False
is not	如果运算符任一侧的变量指向相同的对象，则返回 True，否则返回 False

Python 中的对象包含 3 个基本要素，分别是：id（身份标识）、type()（数据类型）和 value（值）。

运算符	描述	实例
is	is 是判断两个标识符是不是引用同一个对象	x is y，类似 id(x)==id(y)
is not	is not 是判断两个标识符是不是引用不同对象	x is not y，类似 id(a)!=id(b)

例 4-14：判断：is 与==有什么区别？

is 是比较两个引用是否指向了同一个对象（引用比较）。==是比较两个对象是否相等。

判断以下结果：

a=4	x=1.4	a=[1,2,3]
b=4	y=1.4	b=[1,2,3]
a==b	x==y	a==b
a is b	x is y	a is b

8. 运算符优先级

运算符优先级见下表，最右列的数字越大，优先级越高。

小括号	()	20
索引运算符	x[index]或 x[index:index2[:index3]]	18、19
属性访问	x.attrbute	17
乘方	**	16
按位取反	~	15
符号运算符	＋（正号）或－（负号）	14
乘、除	*、/、//、%	13
加、减	＋、－	12
位移	>>、	11
按位与	&	10
按位异或	^	9
按位或	|	8
比较运算符	==、! =、>、>=、<、<=	7
is 运算符	is、is not	6
in 运算符	in、not in	5
逻辑非	not	4
逻辑与	and	3
逻辑或	or	2

例 4-15：运算符的综合应用。

下式表示的是小球竖直上抛的位置：设小球在竖直方向上的位置为 y，根据牛顿运动学公式，y 与时间 t 的关系为

$$y(t) = v_0 t - \frac{1}{2} g t^2$$

其中，v_0 为小球在竖直方向上的初速度，g 为重力加速度常数，取 $9.81\,\mathrm{m/s^2}$。完成下面的代码段，计算 t 时刻小球的竖直坐标 y。

```
In [10]:    v0=8;g=9.81
            t=float(input('请输入时间t：'))
            y=v0*t-0.5*g*t**2
            print('y=',y)
```

请输入时间t：5
y= -82.625

4.3　常用内置函数

1. Python 3 的内置常量和内置函数

用 dir(__builtins__)可以查看 Python 的内置常量和内置函数，如下例所示。

```
In [63]:    print(dir(__builtins__))
```

```
['ArithmeticError', 'AssertionError', 'AttributeError', 'BaseException', 'BlockingIOErr
or', 'BrokenPipeError', 'BufferError', 'BytesWarning', 'ChildProcessError', 'Connection
AbortedError', 'ConnectionError', 'ConnectionRefusedError', 'ConnectionResetError', 'De
precationWarning', 'EOFError', 'Ellipsis', 'EnvironmentError', 'Exception', 'False', 'F
ileExistsError', 'FileNotFoundError', 'FloatingPointError', 'FutureWarning', 'Generator
Exit', 'IOError', 'ImportError', 'ImportWarning', 'IndentationError', 'IndexError', 'In
terruptedError', 'IsADirectoryError', 'KeyError', 'KeyboardInterrupt', 'LookupError',
'MemoryError', 'ModuleNotFoundError', 'NameError', 'None', 'NotADirectoryError', 'NotIm
plemented', 'NotImplementedError', 'OSError', 'OverflowError', 'PendingDeprecationWarni
ng', 'PermissionError', 'ProcessLookupError', 'RecursionError', 'ReferenceError', 'Reso
urceWarning', 'RuntimeError', 'RuntimeWarning', 'StopAsyncIteration', 'StopIteration',
'SyntaxError', 'SyntaxWarning', 'SystemError', 'SystemExit', 'TabError', 'TimeoutErro
r', 'True', 'TypeError', 'UnboundLocalError', 'UnicodeDecodeError', 'UnicodeEncodeErro
r', 'UnicodeError', 'UnicodeTranslateError', 'UnicodeWarning', 'UserWarning', 'ValueErr
or', 'Warning', 'WindowsError', 'ZeroDivisionError', '__IPYTHON__', '__build_class__',
'__debug__', '__doc__', '__import__', '__loader__', '__name__', '__package__', '__spec_
_', 'abs', 'all', 'any', 'ascii', 'bin', 'bool', 'breakpoint', 'bytearray', 'bytes', 'c
allable', 'chr', 'classmethod', 'compile', 'complex', 'copyright', 'credits', 'delatt
r', 'dict', 'dir', 'display', 'divmod', 'enumerate', 'eval', 'exec', 'filter', 'float',
'format', 'frozenset', 'get_ipython', 'getattr', 'globals', 'hasattr', 'hash', 'help',
'hex', 'id', 'input', 'int', 'isinstance', 'issubclass', 'iter', 'len', 'license', 'lis
t', 'locals', 'map', 'max', 'memoryview', 'min', 'next', 'object', 'oct', 'open', 'or
d', 'pow', 'print', 'property', 'range', 'repr', 'reversed', 'round', 'set', 'setattr',
'slice', 'sorted', 'staticmethod', 'str', 'sum', 'super', 'tuple', 'type', 'vars', 'zi
p']
```

2. 查看某个函数（对象）

使用 help()函数，可以查看任何对象的帮助信息。

```
>>> help(print)
Help on built-in function print in module builtins:

print(...)
    print(value, ..., sep=' ', end='\n', file=sys.stdout, flush=False)

    Prints the values to a stream, or to sys.stdout by default.
    Optional keyword arguments:
    file:  a file-like object (stream); defaults to the current sys.stdout.
    sep:   string inserted between values, default a space.
    end:   string appended after the last value, default a newline.
    flush: whether to forcibly flush the stream.
```

注：也可以用 help()查看某个模块，如 help('math')。

3. 常用内置函数

内置函数，一般都是因为使用频率比较频繁或是元操作，所以通过内置函数的形式提供出来。

1）bin()、oct()、hex()

内置函数 bin()、oct()、hex()用来将整数转换为二进制、八进制和十六进制形式，这三个函数都要求参数必须为整数。

2）ord()、chr()、str()

ord()和 chr()是一对功能相反的函数，ord()用来返回单个字符的序数或 Unicode 码，而 chr()则用来返回某序数对应的字符，str()则直接将其任意类型参数转换为字符串。

例 4-16：字符相关的函数应用。

```
In  [68]:  print(ord('中'),chr(20013))
           str(12345)

           20013 中

Out[68]:   '12345'
```

3）max()、min()、sum()

这 3 个内置函数分别用于计算列表、元组或其他可迭代对象中所有元素最大值、最小值及所有元素之和，sum()要求元素支持加法运算，max()和 min()则要求序列或可迭代对象中的元素之间可比较大小。

例 4-17：序列数据相关函数的应用。

```
In  [69]:  ls=[45,67,89,56,34]
           print(min(ls),max(ls),sum(ls))

           34 89 291
```

内置函数 max()和 min()的 key 参数可以用来指定比较规则。

例 4-18：key 参数在 max()中的应用。

```
In  [72]:  x=['21','12.34','9']
           print(max(x),max(x,key=len),max(x,key=float))

           9 12.34 21
```

注：本例中，"key=len"表示用 len()函数对 x 中每个元素执行求长度操作，然后取最大值；

"key=float"表示用 float()函数对 x 中每个元素执行转换成实数操作，然后取最大值。

4）range()、len()、list()

① range()函数用于求一个序列，其参数格式为：range(start, stop[, step])。

参数说明：

start: 计数从 start 开始。默认从 0 开始。例如，range(5)等价于 range(0, 5)；

stop: 计数到 stop 结束，但不包括 stop。例如，range(0, 5)是[0, 1, 2, 3, 4]，没有 5；

step：步长，默认为 1。例如，range(0, 5)等价于 range(0, 5, 1)。

② len()函数，求括号中的序列长度。

③ list()函数，将括号中序列转换为列表。

例 4-19：生成一个 1~10 的序列，把它转换为列表。

```
In [13]:  ls=range(1,10)
          ls=list(ls)
          print(ls,'的长度为：',len(ls))
```

[1, 2, 3, 4, 5, 6, 7, 8, 9] 的长度为： 9

5）input()、print()、eval()

input()函数是标准输入函数，Python 3 默认输入为 str 类型。故此需要将输入数据转换为原本的类型，参与运算。可以使用 int()、float()等函数进行转换，更为常用的方式是用eval()函数，自动去掉引号，将输入数据转为原本的类型。

print()是标准的输出函数，这三者一般配套使用。

例 4-20：输入、输出及转换函数综合应用。

```
In [15]:  name=input('请输入您的姓名：')
          age=eval(input('请输入您的python分数：'))   #eval()可以避免不清楚输入是int还是float。
          print(name,'的python成绩为：',age)
```

请输入您的姓名：zhangsan
请输入您的python分数：78.5
zhangsan 的python成绩为： 78.5

4. 内置函数总结

Python 3.8 有内置函数 73 个，可以分为数学运算类、集合运算类、逻辑判断类、反射类和 I/O 操作类 5 类。详细的用法可以通过 help()函数查看详细参数。

1）数学运算类

abs(x)	求绝对值 1. 参数可以是整型，也可以是复数 2. 若参数是复数，则返回复数的模
complex([real[,imag]])	创建一个复数
divmod(a,b)	分别取商和余数 注意：整型、浮点型都可以
float([x])	将一个字符串或数转换为浮点数，如果无参数，将返回 0.0
int([x[,base]])	将一个字符串转换为 int 类型，base 表示进制
long([x[,base]])	将一个字符串转换为 long 类型
pow(x,y[,z])	返回 x 的 y 次幂
range([start],stop[,step])	产生一个序列，默认从 0 开始
round(x[,n])	四舍五入
sum(iterable[,start])	对集合求和

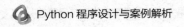

oct(x)	将一个数字转化为 8 进制
hex(x)	将整数 x 转换为 16 进制字符串
chr(i)	返回整数 i 对应的 ASCII 字符
bin(x)	将整数 x 转换为二进制字符串
bool([x])	将 x 转换为 Boolean 类型

2）集合运算类

basestring()	str 和 unicode 的超类 不能直接调用，可以用作 isinstance 判断
format(value[,format_spec])	格式化输出字符串 格式化的参数顺序从 0 开始，如"I am{0},I like{1}"
unichr(i)	返回给定 int 类型的 unicode
enumerate(sequence [,start=0])	返回一个可枚举的对象，该对象的 next()方法将返回一个 tuple 类型
iter(o[,sentinel])	生成一个对象的迭代器，第二个参数表示分隔符
max(iterable[,args...][key])	返回集合中的最大值
min(iterable[,args...][key])	返回集合中的最小值
dict([arg])	创建数据字典
list([iterable])	将一个集合类转换为另外一个集合类
set()	set 对象实例化
frozenset([iterable])	产生一个不可变的 set
str([object])	转换为 string 类型
sorted(iterable[,cmp[,key[,reverse]]])	队集合排序
tuple([iterable])	生成一个 tuple 类型
xrange([start],stop[,step])	xrange()函数与 range()类似，但 xrange()并不创建列表，而是返回一个 xrange 对象，它的行为与列表相似，但是只在需要时才计算列表值，当列表很大时，这个特性能节省内存

3）逻辑判断类

all(iterable)	1. 集合中的元素都为真时为真 2. 特别的，若为空串返回为 True
any(iterable)	1. 集合中的元素有一个为真时为真 2. 特别的，若为空串返回为 False
cmp(x,y)	如果 x<y，返回负数；x==y，返回 0；x>y，返回正数

4）反射类

callable(object)	检查对象 object 是否可调用 1. 类是可以被调用的 2. 实例是不可以被调用的，除非类中声明了 _call_ 方法
classmethod()	1. 注解，用来说明这个方式是个类方法 2. 类方法既可以被类调用，也可以被实例调用 3. 类方法类似于 Java 中的 static 方法 4. 类方法中不需要有 self 参数
compile(source filename,mode[,flags [,dont_inherit]])	将 source 编译为代码或者 AST 对象。代码对象能够通过 exec 语句来执行或者 eval() 进行求值 1. 参数 source：字符串或者 AST（Abstract Syntax Trees）对象 2. 参数 filename：代码文件名称，如果不是从文件读取代码则传递一些可辨认的值 3. 参数 model：指定编译代码的种类。可以指定为 'exec', 'eval', 'single' 4. 参数 flag 和 dont_inherit：这两个参数暂不介绍
dir([object])	1. 不带参数时，返回当前范围内的变量、方法和定义的类型列表 2. 带参数时，返回参数的属性、方法列表 3. 如果参数包含方法_dir_()，该方法将被调用 4. 如果参数不包含_dir_()，该方法将最大限度地收集参数信息
delattr(object,name)	删除 object 对象名为 name 的属性
eval(expression [,globals [,locals]])	计算表达式 expression 的值
execfile(filename [,globals [,locals]])	用法类似 exec()，不同的是 execfile 的参数 filename 为文件名，而 exec 的参数为字符串
filter(function, iterable)	构造一个序列，等价于[item for item in iterable if function(item)] 1. 参数 function：返回值为 True 或 False 的函数，可以为 None 2. 参数 iterable：序列或可迭代对象
getattr(object, name[, defalut])	获取一个类的属性
globals()	返回一个描述当前全局符号表的字典
hasattr(object, name)	判断对象 object 是否包含名为 name 的特性
hash(object)	如果对象 object 为哈希表类型，返回对象 object 的哈希值
id(object)	返回对象的唯一标识

5）I/O 操作类

file(filename[, mode[,bufsize]])	file 类型的构造函数，作用为打开一个文件，如果文件不存在且 mode 为写或追加时，文件将被创建。添加 'b' 到 mode 参数中，将对文件以二进制形式操作。添加 '+' 到 mode 参数中，将允许对文件同时进行读写操作 1. 参数 filename：文件名称 2. 参数 mode: 'r'（读）、'w'（写）、'a'（追加） 3. 参数 bufsize：如果为 0 表示不进行缓冲，如果为 1 表示进行缓冲，如果是一个大于 1 的数表示缓冲区的大小
input([prompt])	获取用户输入 推荐使用 raw_input，因为该函数将不会捕获用户的错误输入

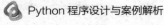

续表

open(name[, mode[,buffering]])	打开文件 与 file 有什么不同？推荐使用 open
print	打印函数
raw_input([prompt])	设置输入，输入都作为字符串处理

4.4　常用内置标准库

内置标准库（模块）是指：随着 Python 解释器安装而存在的系统可供直接调用的模块。常用内置标准库包括 math 模块和 random 模块。

1. 查看当前环境的模块

```
In [74]: help('modules')
```

Cython	brain_threading	matplotlib	socks
IPython	brain_typing	mccabe	sockshandler
OpenSSL	brain_uuid	menuinst	sortedcollections
PIL	brotli	mimetypes	sortedcontainers
PyQt5	bs4	missingno	soupsieve
__future__	builtins	mistune	sphinx
_abc	bz2	mkl	sphinxcontrib
_ast	cProfile	mkl_fft	spyder
_asyncio	calendar	mkl_random	spyder_kernels
_bisect	certifi	mmap	sqlalchemy
_blake2	cffi	mmapfile	sqlite3
_bootlocale	cgi	mmsystem	sre_compile
_bz2	cgitb	mock	sre_constants
_cffi_backend	chardet	modulefinder	sre_parse
_codecs	chunk	more_itertools	ssl
_codecs_cn	click	mpmath	sspi
_codecs_hk	cloudpickle	msgpack	sspicon
_codecs_iso2022	clyent	msilib	stat
_codecs_jp	cmath	msvcrt	statistics
_codecs_kr	cmd	multimethod	statsmodels

2. 库的导入

Python 编辑器一般只启动 Python 最基础的内核，如果需要使用其他库模块函数，需要将其导入到当前编辑环境中。

导入任何库都有以下 4 种方法。

（1）import 库名。

（2）from 库名 import 某个函数（模块）。

（3）import 库名 as 别名。

（4）from 库名 import 某个函数（模块）as 别名。

例 4-21：导入并查看 math 库。

```
In  [76]:  import math        #导入math库
           print(dir(math)) #dir（）显示math库中所有函数。
```

```
['__doc__', '__loader__', '__name__', '__package__', '__spec__', 'acos', 'acosh', 'asi
n', 'asinh', 'atan', 'atan2', 'atanh', 'ceil', 'comb', 'copysign', 'cos', 'cosh', 'degr
ees', 'dist', 'e', 'erf', 'erfc', 'exp', 'expm1', 'fabs', 'factorial', 'floor', 'fmod',
'frexp', 'fsum', 'gamma', 'gcd', 'hypot', 'inf', 'isclose', 'isfinite', 'isinf', 'isna
n', 'isqrt', 'ldexp', 'lgamma', 'log', 'log10', 'log1p', 'log2', 'modf', 'nan', 'perm',
'pi', 'pow', 'prod', 'radians', 'remainder', 'sin', 'sinh', 'sqrt', 'tan', 'tanh', 'ta
u', 'trunc']
```

3. math 库

math 库是 Python 提供的内置数学类函数库，math 库不支持复数类型，仅支持整数和浮点数运算。math 库一共提供了 4 个数字常数和 44 个函数。44 个函数共分为 4 类，包括 16 个数值表示函数，8 个幂对数函数，16 个三角对数函数和 4 个高等特殊函数。

1）math 库的数字常数

常数	数学表示	描述
math.pi	π	圆周率，值为3.141592653589793
math.e	e	自然对数，值为2.718281828459045
math.inf	∞	正无穷大，负无穷大为-math.inf
math.nan		非浮点数标记，NAN（Not a Number）

2）math 库的数值表示函数

函数	数学表示	描述
math.fabs(x)	$|x|$	返回 x 的绝对值
math.fmod(x,y)	$x\%y$	返回 x 与 y 的模
math.fsum(x,y,...])	$x+y+...$	浮点数精确求和
math.cei(x)	$|x|$	向上取整，返回不小于 x 的最小整数
math.floor(x)	$|x|$	向下取整，返回不大于 x 的最大整数
math.factorial(x)	$x!$	返回 x 的阶乘，如果 x 是小数或负数，返回 ValueError
math.gcd(a,b)		返回 a 与 b 的最大公约数
math.frepx(x)	$x=m*2*$	返回（m,e），当 x=0，返回（0.0,0）
math.ldexp(x,i)	$x*2^i$	返回 x* 2^i 运算值，math.frepx（x）函数的反运算
math.modf(x)		返回 x 的小数和整数部分
math.trunc(x)		返回 x 的整数部分
math.copysign(x.y)	$|x|*|y|/y$	用数值 y 的正负号替换数值 x 的正负号
math.isclose(a,b)		比较 a 和 b 的相似性，返回 True 或 False
math.isfinite(x)		当 x 为无穷大时，返回 True；否则，返回 False
math.isinf(x)		当 x 为正数或负数无穷大时，返回 True：否则，返回 False
math.isnan(x)		当 x 是 NaN 时，返回 True：否则，返回 False

3）math 库的幂对数函数

函数	数学表示	描述
math.pow(x.y)	x^y	返回 x 的 y 次幂
math.exp(x)	e^x	返回 e 的 x 次幂，e 是自然对数
math.expml(x)	e^x-1	返回 e 的 x 次幂减 1
math.sqrt(x)	$\sqrt{x}$	返回 x 的平方根
math.log(x[,base])	$\log_{base}x$	返回 x 的对数值，只输入 x 时，返回自然对数，即 lnx
math.loglp(x)	$\ln(1+x)$	返回 1+x 的自然对数值
math.log2(x)	$lb\ x$	返回 x 的 2 对数值
math.log10(x)	lgx	返回 x 的 10 对数值

例 4-22：一年 365 天，以第 1 天的能力值为基数，记为 1.0，当好好学习时能力值相比前一天提高 1%，当没有学习时能力值相比前一天下降 1%。每天努力和每天放任，一年下来的能力值相差多少呢？

```
In [78]: import math
         dayup=math.pow((1.0+0.01),365)
         daydown=math.pow((1.0-0.01),365)
         print("向上：{:.2f}，向下：{:.2f}。".format(dayup,daydown))
```

向上：37.78，向下：0.03。

4）math 库的三角运算函数

函数	数学表示	描述
math.degree(x)		角度 x 的弧度值转角度值
math.radians(x)		角度 x 的角度值转弧度值
math.hypot(x,y)	$\sqrt{x^2+y^2}$	返回（x,y）坐标到原点（0.0）的距离
math.sin(x)	$\sin x$	返回 x 的正弦函数值，x 是弧度值
math.cos(x)	$\cos x$	返回 x 的余弦函数值，x 是弧度值
math.tan(x)	$\tan x$	返回 x 的正切函数值，x 是弧度值
math.asin(x)	$\arcsin x$	返回 x 的反正弦函数值，x 是弧度值
math.acos(x)	$\arccos x$	返回 x 的反余弦函数值，x 是弧度值
math.atan(x)	$\arctan x$	返回 x 的反正切函数值，x 是弧度值
math.atan2(y.x)	$\arctan(y/x)$	返回 y/x 的反正切函数值，x 是弧度值
math.sinh(x)	$\sinh x$	返回 x 的双曲正弦函数值
math.cosh(x)	$\cosh x$	返回 x 的双曲余弦函数值
math.tanh(x)	$\tanh x$	返回 x 的双曲正切函数值
math.asinh(x)	$\text{arcsinh}\ x$	返回 x 的反双曲正弦函数值
math.acosh(x)	$\text{arccosh}\ x$	返回 x 的反双曲余弦函数值
math.atanh(x)	$\text{arctanh}\ x$	返回 x 的反双曲正切函数值

5）math 库的高等特殊函数

函数	数学表示	描述
math.erf(x)	$\dfrac{2}{\sqrt{\pi}}\displaystyle\int_0^x e^{-t^2}\,\mathrm{d}t$	高斯误差函数，应用于概率论、统计学等领域
math.erfc(x)	$\dfrac{2}{\sqrt{\pi}}\displaystyle\int_x^\infty e^{-t^2}\,\mathrm{d}t$	余补高斯误差函数，math.erfc(x)=1 − math.erf(x)
math.gamma(x)	$\displaystyle\int_0^\infty x^{t-1}e^{-x}\,\mathrm{d}x$	伽玛（Gamma）函数，也叫欧拉第二积分函数
math.lgamma(x)	ln(gamma(x))	伽玛函数的自然对数

例 4-23：在 $a \neq 0$ 的情况下，一元二次方程 $ax^2 + bx + c = 0$ 的两个解分别是

$$x_1 = \frac{-b + \sqrt{b^2 - 4ac}}{2a} \quad , \quad x_2 = \frac{-b - \sqrt{b^2 - 4ac}}{2a}$$

通过引入库函数，完成一元二次方程的求根计算。

```
In  [6]:  from math import sqrt
          a =eval(input());    b =eval(input());    c = eval(input())
          x1 = (-b + sqrt(b**2-4*a*c))/(2.0*a)
          x2 = (-b - sqrt(b**2-4*a*c))/(2.0*a)      #要求：判别式b2-4ac>=0
          print(x1)
          print(x2)

          2
          5
          3
          -1.0
          -1.5
```

注：本程序非常容易出错，应该用后面学习的分支结构解决。

4. random 库

random 库是使用随机数的 Python 标准库。从概率论角度来说，随机数是随机产生的数据（如抛硬币），但是计算机不能产生真正的随机数，那么伪随机数也就被称为随机数了。

伪随机数：计算机中通过采用梅森旋转算法生成的（伪）随机序列元素。

random 库中的常用函数见下表。

函数	描述
seed(a=None	初始化随机数种子，默认值为当前系统时间
random()	生成一个[0.0,1.0) 之间的随机小数
randint(a,b)	生成一个[a,b]之间的整数
getrandbits(k)	生成一个 k 比特长度的随机整数
randrange(start,stop[,step])	生成一个[start,stop)之间以 step 为步数的随机整数

续表

uniform(a,b)	生成一个[a,b]之间的随机小数
choice(seq)	从序列类型，如列表中随机返回一个整数
shuffle(seq)	从序列类型中的元素随机排列，返回打乱后的序列
sample(pop,k)	从 pop 类型中随机选取 k 个元素，以列表类型返回

例 4-24：random 库的常用方法实例。

```
In [84]:  from random import *
          print(random())
          print(uniform(1,10))
          print(randrange(1,20,4))      #从1开始到20以4递增的元素中随机返回
          ls=list(range(1,20))
          shuffle(ls)
          print(ls)
```

0.4583780942478475
9.39721624962449
5
[6, 3, 9, 16, 14, 17, 15, 11, 18, 1, 7, 2, 12, 19, 5, 10, 13, 4, 8]

4.5　小　　结

本章介绍了简单数据类型及其应用，结构图如下。

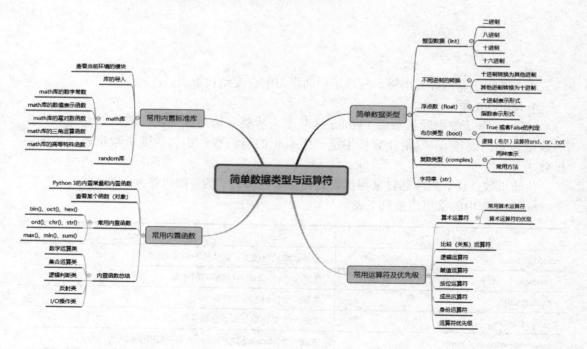

第 5 章　字符串类型

5.1　字符串表示方法

1. 字符串的定义

字符串是由 0 个或多个字符组成的有序字符序列，可以由数字、字母、汉字等符号组成。字符串是 Python 中最常用的数据类型，可以使用引号（'或"）来创建字符串。

创建字符串很简单，只要为变量分配一个带引号的值即可。也可以用 str()函数转换为字符串。

例 5-1：创建字符串。

```
In  [2]:  str1='I love python'
          str2=str(12345)
          print(str1,type(str1),str2,type(str2))

          I love python <class 'str'> 12345 <class 'str'>
```

2. 字符串的分类

① 单行字符串：用一对单引号，或者一对双引号括起来的字符序列。

② 多行字符串：用一对三单引号或三双引号括起来的多行字符序列。

例 5-2：多行字符串举例。

```
print("'大家好，我叫XXX！
今年XX岁
希望在这里把Python学好，让我们一起加油！"')
```

例 5-3：字符串中既包含单引号，又包含双引号。

```
In  [5]:  print("这是单引号（'）")
          print('这是双引号（"）')
          print('''这里面既包含单引号（'），又包含双引号（"）''')

          这是单引号（'）
          这是双引号（"）
          这里面既包含单引号（'），又包含双引号（"）
```

3. 字符串的序号

字符串有索引（下标），分为两类：正向递增序号和反向递减序号。

例 5-4： 以 "I love Python" 为例，说明字符串的双向索引。

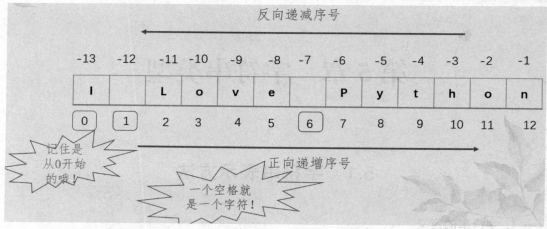

4. 字符串的使用

使用[ ]获取字符串中的 1 个或多个字符。

1）索引

返回其中 1 个字符，用法：<字符串>[M]。注：M 为索引序号（可正可负）。

例 5-5： 以 "I love Python" 为例，通过索引获取单个字符。

```
In  [7]:  s='I love Python'
          print(s[7],s[-6])

          P P
```

2）切片

返回其中的 1 段字符，用法：<字符串>[M :N]。

例 5-6： 以 "Hello World" 为例，说明切片的应用。

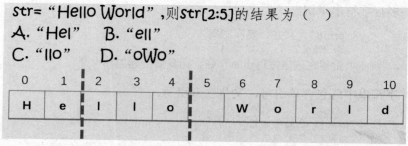

注：[M :N]是左闭右开，取头不取尾。

另外，在[M :N]中，M 和 N 可以省略，分别表示从开始、到最后。

例 5-7： 以 "I love Python" 为例，切取 Python 子串。

```
In  [8]:  s='I love Python'
          print(s[-6:],s[7:])
```

Python Python

5. 转义字符

以反斜杠\开头的字符称为"转义字符"，表达特殊含义，见下表。

转义字符	含义	转义字符	含义
\b	退格，把光标移动到前一列位置	\\	一个斜线\
\f	换页符	\'	单引号'
\n	换行符	\"	双引号"
\r	回车	\ooo	3 位八进制数对应的字符
\t	水平制表符	\xhh	2 位十六进制数对应的字符
\v	垂直制表符	\uhhhh	4 位十六进制数表示的 Unicode 字符

例 5-8：转义字符的应用。

```
In  [9]:  print('hello \nworld!')
          print('\101','\x41','\u4e2d\u56fd')
          print('"\101\x41\u4e2d\u56fd"','本字符串的长度为：',len('\101\x41\u4e2d\u56fd'))
```

```
hello
world!
A A 中国
"AA中国"本字符串的长度为： 4
```

注：需要指出的是，一个转义字符的长度为 1。

例 5-9：格式化排版网站（用到了"\t"、"\n"）。

```
In  [59]:  str1 = '网站\t\t域名\t\t\t年龄\t\t价值'
           str2 = 'C语言中文网\tc.biancheng.net\t\t8\t\t500W'
           str3 = '百度\t\twww.baidu.com\t\t20\t\t500000W'
           print(str1)
           print(str2)
           print(str3)
           print("-------------------")
           # \n在输出时换行, \在书写字符串时换行
           info = "Python教程：http://c.biancheng.net/python/\n\
C++教程：http://c.biancheng.net/cplus/\n\
Linux教程：http://c.biancheng.net/linux_tutorial/"
           print(info)
```

```
网站            域名                年龄        价值
C语言中文网      c.biancheng.net     8          500W
百度            www.baidu.com       20         500000W
-------------------
Python教程：http://c.biancheng.net/python/
C++教程：http://c.biancheng.net/cplus/
Linux教程：http://c.biancheng.net/linux_tutorial/
```

注：本例的 info 变量是一个很长的字符串，如果一行写不下，可以用三引号的方式，

多行输出，也可以在未写完的行尾用"\"进行续行。（从本质上看，用续行符"\"其实依然表示的是单行字符串）

例 5-10：续行符展示。

```
In [7]: 'ab\
        sg'        #'\'续行符后面不能再有任何字符，与后一行一起表示单行字符串

Out[7]: 'absg'
```

6. 带 r 或 R 的原始字符串

字符串界定符前面加字母 r 或 R 表示原始字符串，其中的特殊字符不进行转义，但字符串的最后一个字符不能是\。原始字符串主要用于正则表达式、文件路径或者 URL 的场合。

例 5-11：原始字符串的应用。

```
In [73]: path = 'C:\Windows\notepad.exe'    #\n为转义字符的换行
         path1=r'C:\Windows\notepad.exe'    #r开始的字符串表示原始字符串，即所有转义无效。
         print(path)
         print(path1)

C:\Windows
otepad.exe
C:\Windows\notepad.exe
```

5.2　字符串运算

（1）在 Python 中，"+"运算符可以用于多个字符串的连接。

（2）在 Python 中，"*"运算符还可以用于字符串，计算结果就是字符串重复指定次数的结果。

（3）在 Python 中，"in/not in"运算符用于判断第一个字符串是否是第二个字符串的子串。

操作符及使用	描述
x + y	连接字符串 x 和 y
n * x 或 x * n	复制 n 次字符串，注意 n 是一个任意整数
x in s 或者 x not in s	如果 x 是（不是）s 的子串，返回 True，否则返回 False

例 5-12：字符串的运算。

```
In [10]: print('zhang'+'san')
         print('*'*30)
         print('love' in "I love python")

zhangsan
******************************
True
```

5.3　字符串常用方法和常用函数

1. 查看 str 方法的操作

除去下划线开头的特殊方法，Python 对字符串提供了 45 种不同的方法，通过 dir()函数可以查看。

```
In [3]: print(dir(str))

['__add__', '__class__', '__contains__', '__delattr__', '__dir__', '__doc__', '__eq__', '__format__', '__ge__', '__getattribute__', '__getitem__', '__getnewargs__', '__gt__', '__hash__', '__init__', '__init_subclass__', '__iter__', '__le__', '__len__', '__lt__', '__mod__', '__mul__', '__ne__', '__new__', '__reduce__', '__reduce_ex__', '__repr__', '__rmod__', '__rmul__', '__setattr__', '__sizeof__', '__str__', '__subclasshook__', 'capitalize', 'casefold', 'center', 'count', 'encode', 'endswith', 'expandtabs', 'find', 'format', 'format_map', 'index', 'isalnum', 'isalpha', 'isascii', 'isdecimal', 'isdigit', 'isidentifier', 'islower', 'isnumeric', 'isprintable', 'isspace', 'istitle', 'isupper', 'join', 'ljust', 'lower', 'lstrip', 'maketrans', 'partition', 'replace', 'rfind', 'rindex', 'rjust', 'rpartition', 'rsplit', 'rstrip', 'split', 'splitlines', 'startswith', 'strip', 'swapcase', 'title', 'translate', 'upper', 'zfill']
```

2. is 系列判断类型方法

其中判断类方法有 9 个，实现真假值的判断，见下表。

方法	说明
string.isspace()	如果 string 中只包含空格，则返回 True
string.isalnum()	如果 string 至少有一个字符并且所有字符都是字母或数字，则返回 True
string.isalpha()	如果 string 至少有一个字符并且所有字符都是字母，则返回 True
string.isdecimal()	如果 string 只包含数字，则返回 True，为全角数字
string.isdigit()	如果 string 只包含数字，则返回 True，为全角数字、⑴、\u00b2
string.isnumeric()	如果 string 只包含数字，则返回 True，为全角数字、汉字数字
string.istitle()	如果 string 是标题化的（每个单词的首字母大写）则返回 True
string.islower()	如果 string 中包含至少一个区分大小写的字符，并且所有这些（区分大小写的）字符都是小写，则返回 True
string.isupper()	如果 string 中包含至少一个区分大小写的字符，并且所有这些（区分大小写的）字符都是大写，则返回 True

例 5-13：is 系列方法的应用。

```
In [7]: s1=' ';s2='123456一二';s3='Python'
        print(s1.isspace())
        print(s2.isdigit(),s2.isnumeric())
        print(s3.istitle(),s3.islower())

        True
        False True
        True False
```

3. 查找和替换类方法

Python 常用查找替换方法有 7 种，见下表。

方法	说明
string.startswith(str)	检查字符串是否是以 str 开头，是则返回 True
string.endswith(str)	检查字符串是否是以 str 结束，是则返回 True
string.find(str, start=0, end=len(string))	检测 str 是否包含在 string 中，如果 start 和 end 指定范围，则检查是否包含在指定范围内，如果是，返回开始的索引值，否则返回-1
string.rfind(str, start=0, end=len(string))	类似于 find()，不过是从右边开始查找
string.index(str, start=0, end=len(string))	跟 find() 方法类似，不过如果 str 不在 string 会报错
string.rindex(str, start=0, end=len(string))	类似于 index()，不过是从右边开始
string.replace(old_str, new_str,num=string.count(old))	把 string 中的 old_str 替换成 new_str，如果 num 指定，则替换不超过 num 次

例 5-14：常见的查找和替换应用。

```
In [12]: s1='https://baidu.com';s2='python图书 python图书 python'
         print(s1.startswith('https:'),s1.endswith('.com'))
         print(s2.find('Python'),s2.find('python',2))
         print(s2.replace('图书','book'))

         True True
         -1 9
         pythonbook pythonbook python
```

4. 大小写转换方法

Python 大小写替换方法有 5 种，见下表。

方法	说明
string.capitalize()	将字符串的第一个字符大写
string.title()	将字符串的每个单词首字母大写
string.lower()	转换 string 中所有大写字符为小写
string.upper()	转换 string 中的小写字母为大写
string.swapcase()	翻转 string 中的大小写

例 5-15：常用的大小写转换应用。

```
In  [13]:  sl='python is beautiful'
           print(sl.capitalize())
           print(sl.title())
           print(sl.upper())

           Python is beautiful
           Python Is Beautiful
           PYTHON IS BEAUTIFUL
```

5. 文本对齐方法

Python 常用文本对齐方法有 3 种，见下表。

方法	说明
string.ljust(width)	返回一个原字符串左对齐，并使用空格填充至长度 width 的新字符串
string.rjust(width)	返回一个原字符串右对齐，并使用空格填充至长度 width 的新字符串
string.center(width)	返回一个原字符串居中，并使用空格填充至长度 width 的新字符串

例 5-16：文本对齐方法的应用。

```
In  [14]:  s='python世界'
           print(s.ljust(20))
           print(s.rjust(20))
           print(s.center(20))

           python世界
                       python世界
                 python世界
```

6. 去除空白字符方法

Python 常用去除空白字符方法有 3 种，见下表。

方法	说明
string.lstrip()	截掉 string 左边（开始）的空白字符
string.rstrip()	截掉 string 右边（末尾）的空白字符
string.strip()	截掉 string 左右两边的空白字符

例 5-17：去除空白字符方法的应用。

```
In [15]: s='     python等级考试      '
         print(s.lstrip())
         print(s.rstrip())
         print(s.strip())
```

python等级考试
     python等级考试
python等级考试

7. 拆分和连接方法

Python 常用拆分和连接方法有 5 种，见下表。

方法	说明
string.partition(str)	把字符串 string 分成一个 3 元素的元组（str 前面，str, str 后面）
string.rpartition(str)	类似于 partition() 方法，不过是从右边开始查找
string.split(str="", num)	以 str 为分隔符拆分 string，如果 num 有指定值，则仅分隔 num + 1 个子字符串，str 默认包含 '\r'、'\t'、'\n' 和空格
string.splitlines()	按照行('\r'、'\n'、'\r\n')分隔，返回一个包含各行作为元素的列表
string.join(seq)	以 string 作为分隔符，将 seq 中的所有元素（字符串表示）合并为一个新的字符串

例 5-18：拆分和连接方法的应用。

```
In [17]: s1='I love python!';s2=['应急','管理','大学']
         print(s1.partition('love'))
         print(s1.split(' '))
         print(':'.join(s2))
```

('I ', 'love', ' python!')
['I', 'love', 'python!']
应急:管理:大学

8. 字符串常用到的内置函数

① str()函数：转换为字符串。

② len()函数：求字符串长度。

③ chr()函数：返回 Unicode 编码对应的字符。

④ ord()函数：返回字符对应的 Unicode 编码。

例 5-19：打印星座图标。

```
In [18]: for i in range(12):
             print(chr(9800+i),end='')
```

5.4 字符串格式化输出

1. %的用法

1）整数的输出

- %o —— oct 八进制；
- %d —— dec 十进制；
- %x —— hex 十六进制。

例 5-20：整数的格式化输出。

```
In [20]: print('%d'% 63,'%o'% 63,'%x'% 63)

          63 77 3f
```

注：Python 没有提供'%b'的二进制输出，可以用之前学习的 bin()函数转换。

2）浮点数输出

- %f ——保留小数点后面六位有效数字；

  %.3f，保留 3 位小数位；

- %e ——保留小数点后面六位有效数字，指数形式输出；

  %.3e，保留 3 位小数位，使用科学计数法；

- %g ——在保证六位有效数字的前提下，使用小数方式，否则使用科学计数法；

  %.3g，保留 3 位有效数字，使用小数或科学计数法。

例 5-21：浮点数的格式化输出。

```
In [24]: pi=31415926
         print('%f'% pi,'%g'% pi,'%e'% pi)
         print('%.2f'% pi,'%.2g'% pi,'%.2e'% pi)

         31415926.000000 3.14159e+07 3.141593e+07
         31415926.00 3.1e+07 3.14e+07
```

3）字符串输出

- %s
- %10s——右对齐，占位符 10 位；
- %-10s——左对齐，占位符 10 位；
- %.2s——截取 2 位字符串；
- %10.2s——10 位占位符，截取两位字符串。

例 5-22：字符串格式化输出。

```
s='hello python!'
print('%s'% s,'%2s'% s,'%20s'% s,sep='||')          #当字符串的宽度超过指定的宽度时，字符串原样输出，否则空格填充。
print('%.2s'% s,'%-20s'% s,'%20.2s'% s,sep='||')#-表示左对齐，.2表示截取2位字符。

hello python!||hello python!||     hello python!
he||hello python!        ||                    he
```

4）%格式化输出总结

Python 提供了字符串的格式化输出方式，帮助编程者用规范化的方式输出。

%s	字符串
%d	十进制整数
%0xd	宽度为 x 位的整数，不足在左侧以 0 填补
%f	十进制 6 位小数
%e	紧凑科学计数法，指数用 e 表示
%E	紧凑科学计数法，指数用 E 表示
%g	紧凑的十进制或科学技术表示法，指数用 e 表示
%G	紧凑的十进制或科学技术表示法，指数用 E 表示
%xz	右对齐的 z 格式，字段宽度为 x
%-xz	左对齐的 z 格式，字段宽度为 x
%.yz	有 y 位小数的 z 格式
%x.yz	有 y 位小数宽度为 x 的 z 格式
%%	% 本身

此图表示 Python 提供的各种不同数据类型的输出方式。

例 5-23：%格式化输出综合实例。

```
sno='0001';sname='zhangsan';age=18;python_score=78.5
print('sno=%8s, sname=%s, age=%3d, python_score=%-.2f' % (sno, sname, age, python_score))
```

sno=   0001, sname=zhangsan, age= 18, python_score=78.50

本例解释如下：

① sno 用%8s 的字符串格式输出，表示占有 8 个位置，加 "-" 表示左对齐，不足用空格填充。

② sname 用%s 的标准字符串格式输出。

③ age 用%3d 的整数格式输出，表示占 3 个位置的宽度，加 "-" 表示左对齐。

④ Python_score 用%-.2f 浮点数格式输出，表示保留 2 位小数，加 "-" 表示左对齐。

2. 标准 format 格式化输出

相对基本格式化输出采用 "%" 的方法，format()功能更强大，该函数把字符串当成一个模板，通过传入的参数进行格式化，并且使用大括号{}作为特殊字符代替%。

1）基本使用格式

<模板字符串>.format（<逗号分隔的参数>）

模板字符串是一个由字符串和槽组成的字符串，用来控制字符串和变量的显示效果。槽用大括号（{}）表示，对应 format()方法中逗号分隔的参数。

例 5-24：format 基本格式使用。

```
In [38]: print('{}:计算机{}的cpu占用率为{}%'.format('2022-2-8', 'computer', '10'))
```

2022-2-8:计算机computer的cpu占用率为10%

注：槽{}中，可以填入对应序号，如果不填，自动填入默认序号，如下例所示。

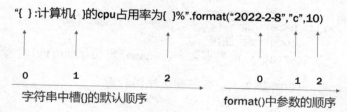

"{ }:计算机{ }的cpu占用率为{ }%".format("2022-2-8","c",10)

| 0 | 1 | 2 | 0 | 1 | 2 |

字符串中槽{}的默认顺序　　　　format()中参数的顺序

2）format()方法的格式控制

槽内部对格式化的配置方式

{<参数序号>:<格式控制标记>}

:	<填充>	<对齐>	<宽度>	<，>	<．精度>	<类型>
引导符号	用于填充的单个字符	< 左对齐 > 右对齐 ^ 居中对齐	槽设定的输出宽度	数字的千位分隔符	浮点数小数精度或字符串最大输出长度	整数类型b, c, d, o, x, X 浮点数类型e, E, f, %

例 5-25：数字格式应用。

:	<填充>	<对齐>	<宽度>	<，>	<．精度>	<类型>

>>> "{0:,.2f}".format (12345.6789)
'12,345.68'
>>> "{0:b}, {0:c}, {0:d}, {0:o}, {0:x}, {0:X}".format(425)
'110101001, Σ, 425, 651, 1a9, 1A9'
>>> "{0:e}, {0:E}, {0:f}, {0:%}".format(3.14)
'3.140000e+00, 3.140000E+00, 3.140000, 314.000000%'
			数字的千位分隔符		浮点数小数精度 或 字符串最大输出长度	整数类型b, c, d, o, x, X 浮点数类型e, E, f, %

例 5-26：填充格式应用。

:	<填充>	<对齐>	<宽度>	<，>	<．精度>	<类型>

引导符号	用于填充的单个字符	< 左对齐
		> 右对齐
		^ 居中对齐
			槽设定的输出宽度	>>> "{0:=^20}".format("PYTHON")
				'=======PYTHON======='
				>>> "{0:*>20}".format("BIT")
				'*****************BIT'
				>>> "{:10}".format("BIT")
				'BIT '		

3. format 的简化格式

format 的简化格式即 f"xxxx" 形式。可在字符串前加 f 以达到格式化的目的，在{}里加入对象，此为 format 的另一种形式。

{<对象>:<格式>（<填充><对齐><宽度>，<精度><类型>）}

例 5-27：format 简化格式举例。

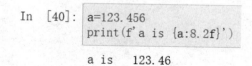

```
In [40]: a=123.456
         print(f'a is {a:8.2f}')

         a is   123.46
```

例 **5-28**：简化格式综合实例。

```
In [41]: name='张三'
         country='法国'
         print(f'世界那么大，{name}想去{country}看看')
```

世界那么大，张三想去法国看看

5.5 小 结

字符串类型的知识结构图如下所示。

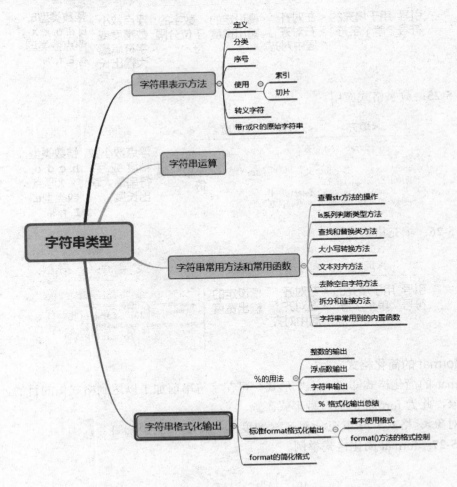

第6章　列表与元组

6.1　列　　表

1. 列表的定义

列表是一种数据类型。用[]表示，可以说它是用来把一些数据暂时保存起来的盒子。而列表的神奇之处在于，它可以容纳 Python 中出现的不同的数据。例如，整数、浮点数、字符串等。

列表是一种序列类型，创建后可以被随意修改。

2. 创建列表

1）直接创建列表

① 创建一个普通列表：列表中元素类型单一。

② 创建一个混合列表：列表中元素类型多样。

③ 创建一个空列表：列表中没有元素。

例 6-1：直接创建列表实例。

```
In  [2]:  language =['c','c++','python','java']
          print(language,type(language))
          mix=['001','小明',18,(78,90,67,77)]
          print(mix,type(mix))
          empty=[]
          print(empty,type(empty))

          ['c', 'c++', 'python', 'java'] <class 'list'>
          ['001', '小明', 18, (78, 90, 67, 77)] <class 'list'>
          [] <class 'list'>
```

2）用 list()函数创建列表

用内置函数 list()可以实现将序列对象转换为列表类型。

例 6-2：用 list()函数创建列表。

```
In  [4]:  ls1=list('abcd');ls2=list(range(1,11));ls3=list()
          print(ls1,ls2,ls3)

          ['a', 'b', 'c', 'd'] [1, 2, 3, 4, 5, 6, 7, 8, 9, 10] []
```

3. 列表元素的访问

列表是一类典型的序列对象，它具有和字符串一样的下标序列，下标从 0 开始，可以同序列索引列表中的各个元素。

1）索引访问

ls[i]: 索引列表中序号为 i 的元素。

例 6-3：索引访问，改变列表的值。

```
In  [5]: ls=[1, 2, 3, 4, 5]
         print(ls, ls[2])
         ls[2]=80          #赋值语句后，保存最新的值
         print(ls, ls[2])

[1, 2, 3, 4, 5] 3
[1, 2, 80, 4, 5] 80
```

2）切片访问

ls[i:j:k]: 切片返回列表中从序号 i 到 j 以 k 为步长的元素。

例 6-4：切片访问，改变列表的值。

```
In  [8]: ls=list(range(1,6))
         print(ls, ls[1:5:2])
         ls[1:5:2]=['a', 'b']
         print(ls)

[1, 2, 3, 4, 5] [2, 4]
[1, 'a', 3, 'b', 5]
```

注：i，j，k 均可省略，默认为 i=0，j 为最后一位+1，k 为 1。

4. 列表的常用操作

1）+、*、in/not in 运算

① +：用于两个列表合并操作。

② *：用于列表元素重复几次。

③ in/not in：用于判断元素是否包含在列表中。

例 6-5：列表常用运算符举例。

```
In  [10]: ls=[1, 2, 3, 4, 5]; lt=[6, 7, 8]
          print(ls+lt)
          print(ls*3)
          print(2 in ls, [2,4] in ls, [2,3,4] in ls)

[1, 2, 3, 4, 5, 6, 7, 8]
[1, 2, 3, 4, 5, 1, 2, 3, 4, 5, 1, 2, 3, 4, 5]
True False False
```

注：in 并不能判断子列表是否包含在列表中。

2）常用内置函数

① del()：删除列表或列表元素。

② len()：求列表的长度。

③ min()：求列表的最小值。注：列表中的元素要具有可比性。

④ max()：求列表的最大值。

⑤ sum()：求列表的和。

例 6-6：创建一个 Python 分数列表，求最高分、最低分和平均分。

In ［17］:
```
python_scores=[67, 89, 67, 87, 90, 45, 56]
print('python成绩的最高分为：',max(python_scores))
print('python成绩的最低分为：',min(python_scores))
print('python成绩的平均分为：',sum(python_scores)/len(python_scores))
```

```
python成绩的最高分为：  90
python成绩的最低分为：  45
python成绩的平均分为：  71.57142857142857
```

5. 列表的方法

1）索引查询

通常用 ls.index(x)方法查询元素 x 的索引值，该方法返回在列表 ls 中出现 x 的第一个索引序号。

例 6-7：在订单列表中使用 ls.index()方法。

In ［5］:
```
orders=['溜肥肠','土豆丝','椒盐虾','干锅鸭头','宫保鸡丁','尖椒肉丝','毛血旺','宫保鸡丁']
print('"宫保鸡丁"是订单orders的第',orders.index('宫保鸡丁'),'道菜')
```

"宫保鸡丁"是订单orders的第 4 道菜

注：列表的序号是从 0 开始，如果 x 不在列表 ls 中会报错。

2）统计次数

通常用 ls.count(x)统计 x 元素出现在列表 ls 中的次数，返回 x 出现的次数。

例 6-8：统计订单中出现了几次"宫保鸡丁"。

In ［10］:
```
orders=['溜肥肠','土豆丝','椒盐虾','干锅鸭头','宫保鸡丁','尖椒肉丝','毛血旺','宫保鸡丁']
print('"宫保鸡丁"%d次出现在订单orders中。' % orders.count('宫保鸡丁'))
```

"宫保鸡丁"2次出现在订单orders中。

3）向列表添加元素

① 插入元素 ls.insert(i,x)。表示向 ls 列表的第 i 个位置插入 x 的值，其他值依次后移。

例 6-9：向订单中 3 号位置插入"鱼香肉丝"。

In ［18］:
```
orders=['溜肥肠','土豆丝','椒盐虾','干锅鸭头','宫保鸡丁','尖椒肉丝','毛血旺']
orders.insert(3,'鱼香肉丝')
print(orders)
orders.insert(-30,'灌汤包')
print(orders)
```

```
['溜肥肠', '土豆丝', '椒盐虾', '鱼香肉丝', '干锅鸭头', '宫保鸡丁', '尖椒肉丝', '毛血旺']
['灌汤包', '溜肥肠', '土豆丝', '椒盐虾', '鱼香肉丝', '干锅鸭头', '宫保鸡丁', '尖椒肉丝', '毛血旺']
```

注：插入序号可正可负，如果超出原本序列长度，按最后或者最前插入。

② 追加元素 ls.append(x)。表示向 ls 列表末尾追加 x 元素，序列长度增加一。

例 6-10： 向订单中追加"鱼香肉丝"。

```
In [20]:  orders=['溜肥肠','土豆丝','椒盐虾','干锅鸭头','宫保鸡丁','尖椒肉丝','毛血旺']
          orders.append('鱼香肉丝')
          print(orders)
```

['溜肥肠', '土豆丝', '椒盐虾', '干锅鸭头', '宫保鸡丁', '尖椒肉丝', '毛血旺', '鱼香肉丝']

③ 追加列表 ls.extend(ls_new)。表示向 ls 列表末尾追加一个新的列表 ls_new，列表变为追加后的新列表。

例 6-11： 向订单添加一个新列表 nums。

```
In [22]:  orders=['溜肥肠','土豆丝','椒盐虾','干锅鸭头','宫保鸡丁','尖椒肉丝','毛血旺']
          nums=[10,20,30]
          orders.extend(nums)
          print(orders)
```

['溜肥肠', '土豆丝', '椒盐虾', '干锅鸭头', '宫保鸡丁', '尖椒肉丝', '毛血旺', 10, 20, 30]

4）从列表中删除元素

① 删除一个元素 ls.remove(x)。表示从列表 ls 中删除第一次出现 x 的元素。

例 6-12： 从订单列表中删除第一次出现的"宫保鸡丁"。

```
In [29]:  orders=['溜肥肠','土豆丝','椒盐虾','干锅鸭头','宫保鸡丁','尖椒肉丝','毛血旺','宫保鸡丁']
          orders.remove('宫保鸡丁')
          print(orders)
```

['溜肥肠', '土豆丝', '椒盐虾', '干锅鸭头', '尖椒肉丝', '毛血旺', '宫保鸡丁']

注：元素 x 如果不在 list 中，会报错，同时也不能删除子列表。

② 弹出第 i 个元素 ls.pop(i)。表示从 ls 列表中弹出第 i 个元素，返回弹出值，如果 i 不写，默认弹出最后一个元素。

例 6-13： 从订单中弹出最后一个元素和第一个元素。

```
In [32]:  orders=['溜肥肠','土豆丝','椒盐虾','干锅鸭头','宫保鸡丁','尖椒肉丝','毛血旺','宫保鸡丁']
          x1=orders.pop()
          x2=orders.pop(0)
          print(orders,'弹出了',x1,'和',x2)
```

['土豆丝', '椒盐虾', '干锅鸭头', '宫保鸡丁', '尖椒肉丝', '毛血旺'] 弹出了 宫保鸡丁 和 溜肥肠

③ 清空列表内容 ls.clear()。表示删除所有列表 ls 的元素，保留空列表。

例 **6-14**：订单清零。

```
In [34]: orders=['溜肥肠','土豆丝','椒盐虾','干锅鸭头','宫保鸡丁','尖椒肉丝','毛血旺','宫保鸡丁']
         orders.clear()
         print(orders)

         []
```

5）列表序列

① 列表排序 ls.sort(reverse=False)。表示对列表进行排序，参数 reverse 表示排序方案，默认 False 是升序。

例 **6-15**：随机产生 1～10 的十个数据，对它进行降序排序输出。

```
In [39]: import random
         nums=list(range(1,11))
         random.shuffle(nums)
         print(nums)
         nums.sort(reverse=True)
         print(nums)

         [10, 6, 7, 8, 9, 5, 3, 4, 1, 2]
         [10, 9, 8, 7, 6, 5, 4, 3, 2, 1]
```

② 列表倒序输出 ls.reverse()。表示将列表 ls 的所有元素顺序倒过来。

例 **6-16**：订单逆序输出。

```
In [43]: orders=['溜肥肠','土豆丝','椒盐虾','干锅鸭头','宫保鸡丁','尖椒肉丝','毛血旺']
         orders.reverse()
         print(orders)

         ['毛血旺', '尖椒肉丝', '宫保鸡丁', '干锅鸭头', '椒盐虾', '土豆丝', '溜肥肠']
```

6）列表的浅拷贝 ls.copy()

表示将列表 ls 复制一份副本，与列表 ls 保存在不同的内存地址。

例 **6-17**：比较列表赋值语句和浅拷贝的不同。

```
In [48]: orders=['溜肥肠','土豆丝','椒盐虾','干锅鸭头','宫保鸡丁','尖椒肉丝','毛血旺']
         ls=orders
         print(id(ls)==id(orders))     #id(ls)返回的是列表ls的内存地址
         ls=orders.copy()
         print(id(ls)==id(orders))
         print(ls)

         True
         False
         ['溜肥肠', '土豆丝', '椒盐虾', '干锅鸭头', '宫保鸡丁', '尖椒肉丝', '毛血旺']
```

6. 列表的遍历

遍历就是从头到尾依次从列表中获取数据的过程。在 Python 中为了提高列表的遍历效率，专门提供迭代 iteration 遍历；一般使用 for 就能够实现迭代遍历。后面第 8 章循环结构会详细介绍。

列表遍历通常有两种方法。

1）直接元素访问

例6-18：列表遍历的直接方法。

```
In  [49]: orders=['溜肥肠','土豆丝','椒盐虾','干锅鸭头','宫保鸡丁','尖椒肉丝','毛血旺']
          for i in orders:
              print(i,end=":")
```

溜肥肠:土豆丝:椒盐虾:干锅鸭头:宫保鸡丁:尖椒肉丝:毛血旺:

2）下标访问

例6-19：列表遍历的下标访问法。

```
In  [51]: orders=['溜肥肠','土豆丝','椒盐虾','干锅鸭头','宫保鸡丁','尖椒肉丝','毛血旺']
          for i in range(len(orders)):
              print(i,orders[i],end=":")
```

0 溜肥肠:1 土豆丝:2 椒盐虾:3 干锅鸭头:4 宫保鸡丁:5 尖椒肉丝:6 毛血旺:

7. 列表推导式

列表推导式是 Python 推出的快速生成满足要求的列表的一种方式，书写形式为：
[表达式 for 变量 in 列表]或者[表达式 for 变量 in 列表 if 条件]

例6-20：求 1～10 所有数的平方列表。

```
In  [53]: ls=[i*i for i in range(1,11)]
          print(ls)
```

[1, 4, 9, 16, 25, 36, 49, 64, 81, 100]

例6-21：列出 1～20 所有的偶数。

```
In  [55]: ls=[i for i in range(1,21) if i%2==0]
          print(ls)
```

[2, 4, 6, 8, 10, 12, 14, 16, 18, 20]

6.2 元   组

1. 元组的定义

Tuple（元组）用于存储一串信息，在数据之间使用 "," 分隔。元组用()定义，元组的索引从 0 开始。与列表类似，不同之处在于元组的元素不能修改。

例6-22：定义一个学生信息元组 tp。

```
In [57]: tp=('zhangsan',18,1.75)
         print(tp,type(tp))
```

('zhangsan', 18, 1.75) <class 'tuple'>

例 6-23：创建空元组、一个元素的元组，使用 tuple()函数创建元组。

```
In [59]: empty=()
         tp=(1,)
         tp1=(1)
         tp2=tuple(range(10))
         print(empty,tp,tp1,tp2)
```

() (1,) 1 (0, 1, 2, 3, 4, 5, 6, 7, 8, 9)

注：一个元素的元组必须在元素后加"，"，否则自动去掉"()"。

2. 元组元素的访问

元组元素的访问可以通过索引下标 tp[i]的方式访问，也可以通过 tp[i:j:k]的切片方式访问。

例 6-24：用索引和切片方式打印元组。

```
In [63]: tp=(1,2,3,4,5,6)
         print(tp[2],tp[1:5:2])
```

3 (2, 4)

3. 元组的运算符

通常元组的运算符包括：+、*、in/not in 等几种，运算方式和列表一致。

例 6-25：元组的运算。

```
In [68]: tp1=(1,2,3);tp2=(4,5,6)
         print(tp1+tp2)
         print(tp1*3)
         print('a' in tp1,2 in tp1)
```

(1, 2, 3, 4, 5, 6)
(1, 2, 3, 1, 2, 3, 1, 2, 3)
False True

4. 元组常用的内置函数

① del tp：删除元组 tp。
② len(tp)：求元组 tp 的长度。
③ max(tp)：求元组 tp 的最大值。
④ min(tp)：求元组 tp 的最小值。
⑤ tuple(x)：将 x 转换为 tuple 类型。
⑥ sum(tp)：求元组 tp 元素的和。

例 6-26：元组保存了 Python 的成绩，求最高分、平均分。

```
In [73]: import random
         scores=tuple(random.randint(0,101) for i in range(10)) #产生10个分数
         print(scores,'中最高分: ',max(scores),'平均分: ',sum(scores)/len(scores))

         (28, 84, 84, 42, 9, 9, 14, 77, 26, 60) 中最高分: 84 平均分: 43.3
```

注：本例使用到了元组推导式，跟列表推导式类似。

5. 元组的方法

① tp.index(x)：返回元素 x 在元组 tp 中第一次出现的位置（索引）。

② tp.count(x)：返回元素 x 在元组 tp 中出现的次数。

例 6-27：元组方法的应用。

```
In [78]: tp=(1,3,5,3,6,3)
         print(tp.count(3),tp.index(3))

         3 1
```

6. tuple 与 list 比较

（1）tuple 与 list 的相同之处。定义与索引方式相同，使用的内置函数一致；tuple 是不可变 list。

（2）tuple 与 list 的区别。tuple 没有增、删、改操作函数。

（3）tuple 的好处。tuple 对不能修改的数据进行写保护。

（4）tuple 与 list 自由转换。通过 tuple() 和 list() 函数可以进行相互转换。

例 6-28：已知元组：a = (1,4,5,6,7)，把元素 5 修改成 8。

```
In [83]: a = (1,4,5,6,7)
         a=list(a)
         a[a.index(5)]=8
         a=tuple(a)
         print(a)

         (1, 4, 8, 6, 7)
```

6.3 序　　列

所谓序列，指的是一块可存放多个值的连续内存空间，这些值按一定顺序排列，可通过每个值所在位置的编号（称为索引）访问它们。常见序列类型包括字符串（普通字符串和 Unicode 字符串）、列表和元组。

1. 序列索引

在序列中，每个元素都有属于自己的编号（索引）。从起始元素开始，索引值从 0 开始递增，如下图所示。

除此之外，Python 还支持索引值是负数，此类索引是从右向左计数，换句话说，从最后一个元素开始计数，从索引值 -1 开始，如下图所示。

无论是采用正索引值，还是负索引值，都可以访问序列中的任何元素。

例 6-29：序列的索引应用。

```
In [84]: ls=list('abcde')
         print(ls[3],ls[-2])

         d d
```

2. 序列切片

切片操作是访问序列中元素的另一种方法，它可以访问一定范围内的元素，通过切片操作，可以生成一个新的序列。

序列实现切片操作的语法格式如下：

```
sname[start : end : step]
```

其中，各个参数的含义如下。

sname：表示序列的名称；

start：表示切片的开始索引位置（包括该位置），此参数也可以不指定，会默认为 0，也就是从序列的开头进行切片；

end：表示切片的结束索引位置（不包括该位置），如果不指定，则默认为序列的长度；

step：表示在切片过程中，隔几个存储位置（包含当前位置）取一次元素，也就是说，如果 step 的值大于 1，则在进行切片去序列元素时，会"跳跃式"地取元素。如果省略设置 step 的值，则最后一个冒号就可以省略。

例 6-30：序列切片的实例。

```
In [87]: s='python程序设计等级考试'
         print(s[:4],s[::4],s[:],s[::-1])

         pyth po设考 python程序设计等级考试 试考级等计设序程nohtyp
```

3. 序列相加

在 Python 中，支持两种类型相同的序列使用"+"运算符做相加操作，它会将两个序列进行连接，但不会去除重复的元素。

这里所说的"类型相同"，指的是"+"运算符的两侧序列要么都是列表类型，要么都是元组类型，要么都是字符串。

例 6-31：序列相加的实例。

```
In [88]:  print('abc'+'bcd'+'def')
          print((1, 2, 3)+(3, 4, 5))
          print(['zhangsan', 18]+['lisi', 20])

          abcbcddef
          (1, 2, 3, 3, 4, 5)
          ['zhangsan', 18, 'lisi', 20]
```

4. 序列相乘

在 Python 中，使用数字 *n* 乘一个序列会生成新的序列，其内容为原来序列被重复 *n* 次的结果。

例 6-32：序列乘法的实例。

```
In [90]:  print('\u2605\u2606'*5) #星星的两种Unicode编码
          print((1, 2, 3)*3)
          print([1, 2, 3]*3)

          ★☆★☆★☆★☆★☆
          (1, 2, 3, 1, 2, 3, 1, 2, 3)
          [1, 2, 3, 1, 2, 3, 1, 2, 3]
```

5. 检查元素是否包含在序列中

在 Python 中，可以使用 in 关键字检查某元素是否为序列的成员，其语法格式为：

```
value in sequence
```

其中，value 表示要检查的元素，sequence 表示指定的序列。

例 6-33：in、not in 在序列中的应用。

```
In [91]:  print('p' in 'python')
          print('a' in ('a', 'b', 'c'))
          print('Love' not in ['i', 'love', 'python'])

          True
          True
          True
```

6. 和序列相关的内置函数

函数	功能
len()	计算序列的长度，即返回序列中包含多少个元素
max()	找出序列中的最大元素。注意，对序列使用 sum()函数时，做加和操作的必须都是数字，不能是字符或字符串，否则该函数将抛出异常，因为解释器无法判定是要做连接操作（+运算符可以连接两个序列），还是做加和操作
min()	找出序列中的最小元素
list()	将序列转换为列表
str()	将序列转换为字符串
sum()	计算元素和
sorted()	对元素进行排序
reversed()	反向序列中的元素
enumerate()	将序列组合为一个索引序列，多用在 for 循环中

例 6-34：序列常用内置函数应用。

```
In [99]:   s='abcd'
           tp=(1, 2, 3, 4)
           ls=[1, 3, 4, 2]
           print(sorted(ls),ls)
           print(reversed(tp),tuple(reversed(tp)))
           print(enumerate(s),list(enumerate(s)))

[1, 2, 3, 4] [1, 3, 4, 2]
<reversed object at 0x000001B09DBB3F10> (4, 3, 2, 1)
<enumerate object at 0x000001B09DBC6F40> [(0, 'a'), (1, 'b'), (2, 'c'), (3, 'd')]
```

注：本例的 sorted()函数生成一个新的排序后的列表，不改变原列表；reversed()和 enumerate()函数均为生成器对象，需要用对应函数转换生成结果。

6.4　小　　结

本章介绍了序列结构的列表和元组，知识结构图如下。

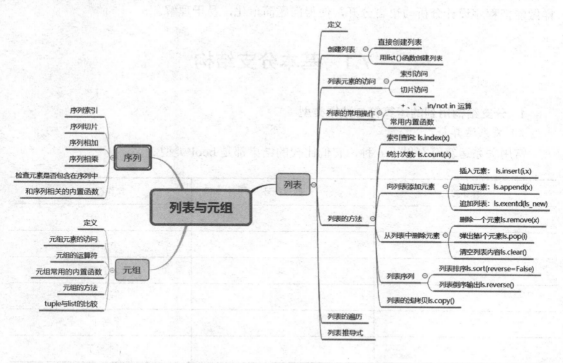

第7章 分支结构

顺序结构的程序虽然能解决计算、输出等问题，但不能先做判断再选择。对于要先做判断再选择的问题就要使用分支结构。分支结构的执行是依据一定的条件选择执行路径，而不是严格按照语句出现的物理顺序。分支结构程序设计方法的关键在于构造合适的分支条件和分析程序流程，根据不同的程序流程选择适当的分支语句。分支结构适合于带有逻辑或关系比较等条件判断的计算，设计这类程序时往往都要先绘制其程序流程图，然后根据程序流程写出源程序，这样做能把程序设计分析与语言分开，使得问题简单化，易于理解。

7.1 基本分支结构

1. 分支结构用到的运算符与数据类型

1）关系运算符

常用关系运算符有以下 6 种，它们比较的结果都是 bool 类型。

操作符	数学符号	操作符含义
<	<	小于
<=	≤	小于等于
>=	≥	大于等于
>	>	大于
==	=	等于
!=	≠	不等于

例 7-1：常用数据类型的比较运算。

```
In [11]:  print(5<50,              5>=50.5,              5!=50)
          print('python'<'Python','python'=='Python','python'!='Python')
          print((1,2,3)>=(1,2,3,4),(1,2,3)<(1,2,3,4),(1,2,3)!=(1,3,2))
          print(['a',1]<=['a',2],  ['a',1]==[1,'a'])
          print((1,2,3)==[1,2,3],  (1,2,3)>[1,2,3])     #python不支持列表与元组的比较
```

```
True False True
False False True
False True True
True False
```

```
TypeError                                Traceback (most recent call last)
<ipython-input-11-1c84f4527eab> in <module>
      3 print((1,2,3)>=(1,2,3,4),(1,2,3)<(1,2,3,4),(1,2,3)!=(1,3,2))
      4 print(['a',1]<=['a',2],  ['a',1]==[1,'a'])
----> 5 print((1,2,3)==[1,2,3],  (1,2,3)>[1,2,3])

TypeError: '>' not supported between instances of 'tuple' and 'list'
```

2）逻辑运算符

逻辑运算符有 3 类：and、or、not（详细介绍参见第 4 章中 bool 类型）。

例 7-2： 逻辑运算符与关系运算符结合实例。

```
In [14]:  python_score=eval(input('请输入python分数：'))
          math_score=eval(input('请输入math分数：'))
          print(python_score>=90 and math_score>=90)   #python和math两门课都大于等于90为True
          print(python_score>=90 or math_score>=90)     #python或math一门课大于等于90为True
          print(not python_score>=60)                   #python成绩不及格为True
```

```
请输入python分数：59
请输入math分数：90
False
True
True
```

2. 单分支

1）基本语法

Python 中的单分支结果语法如下：

if <条件>:

<语句块>

条件表达式可以是逻辑表达式、关系表达式、算术表达式。语句可以是一条语句，也可以是多条语句。

单分支结构流程图：

例 7-3：用 if 单分支结构模拟右图。

```
In [17]:  select=input('请输入你选择的方向（A or B）：')
          if select=='A':
              print('你进入了死胡同！')
```

请输入你选择的方向（A or B）：A
你进入了死胡同！

例 7-4：输入小明的 Python 成绩，如果低于 60 分，提醒他要努力学习。

```
In [19]:  python_score=eval(input('请输入python分数：'))
          math_score=eval(input('请输入math分数：'))
          if python_score<60 or math_score<60:
              print('小明你有一门课成绩不及格，需要加倍努力了！！')
```

请输入python分数：59.5
请输入math分数：80
小明你有一门课成绩不及格，需要加倍努力了！！

注：需要注意语句块的缩进（参考第 3 章的基本语法格式）。

2）练习

（1）定义一个年龄变量 age，输入数字，然后判断是否大于等于 18 岁，超过则允许进入网吧。

（2）判断是否是 Python 参考书：《Python 程序设计》《Python 实战演练》《Python 进阶》《Python 高手养成》这些是 Python 学习的参考书籍，输入书名判断是否是 Python 学习的参考书籍。

思考：单分支结构有什么问题？

3. 双分支

1）基本语法

Python 双分支结构语法如下：

```
if <条件>:
    <语句块 1>
else:
    <语句块 2>
```

条件表达式可以是逻辑表达式、关系表达式、算术表达式。它表示如果条件为真，执行语句块 1，否则执行语句块 2。

双分支结构流程图：

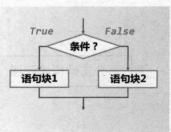

例 7-5：用 if 的双分支结构模拟迷宫图走向。

```
In  [20]:  select=input('请输入你选择的方向（A or B）：')
           if select=='A':
               print('你进入了死胡同！')
           else:
               print('继续后续迷宫。')
```

请输入你选择的方向（A or B）：B
继续后续迷宫。

例 7-6：用 if 双分支结构判断输入年份是闰年还是平年。

```
In  [21]:  year=eval(input('请输入年份：'))
           if year%4==0 and year%100!=0 or year%400==0:
               print(year,'是闰年。')
           else:
               print(year,'是平年。')
```

请输入年份：2000
2000 是闰年。

2）练习

（1）从键盘输入一个数，判断它的正负。是正数，则输出"+"；是负数，则输出"-"。

（2）输入 3 条边的值，判断是否能组成三角形。

思考：完整的 if 语句能处理两条分支，如果是多个分支，如何处理？

4. 三元表达式

1）基本语法

双分支结构除了用上面介绍的表达形式，还有一种紧凑形式如下，称为三元表达式。

<表达式 1>if<条件>else<表达式 2>

如果条件表达式为真，三元表达式整个结果为表达式一，否则为表达式二。

例 7-7：用三元表达式表示例 7-5 的迷宫。

```
In  [25]:  select=input('请输入你选择的方向（A or B）：')
           print('你进入了死胡同！') if select=='A' else print('继续后续迷宫。')
```

请输入你选择的方向（A or B）：B
继续后续迷宫。

注：需要注意的是，紧凑格式的表达式只能是单个语句，两个或两个以上会报错。

2）练习

（1）紧凑格式能写平年/闰年判断吗？如果能，应该怎么写。

（2）小明妈妈告知小明考试成绩如果大于 90 分，周末可以去公园，否则必须在家完成作业，然后洗衣服和打扫卫生。用 if 分支结构怎么写？能用三元结构写吗？

5. 多分支

1）基本语法

Python 多分支结构语法如下：

```
if <条件一>:
    <语句块 1>
elif <条件二>:
    <语句块 2>
…
else:
    <语句块 n>
```

条件表达式可以是逻辑表达式、关系表达式、算术表达式。它表示如果条件一为真，执行语句块 1；否则如果条件二为真，执行语句块 2；依次类推，直到 else 以上所有条件都不满足，再执行语句块 N。

多分支结构流程图：

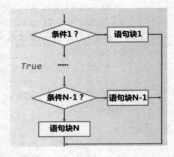

例 7-8： 用多分支结构模拟右图的迷宫。

```
In  [27]:  select=input('请输入你选择的方向（A or B）：')
           if select=='A':
               print('你进入了死胡同！')
           elif select=='C':
               print('还是死胡同。')
           else:
               print('继续后续迷宫。')
```

请输入你选择的方向（A or B）：B
继续后续迷宫。

例 7-9： 用多分支结构完成分段函数的值计算，如下图所示。

```
In  [28]:  x=float(input('请输入x的值：'))
           if x>=1:
               y=x
           elif x<=-1:
               y=-x
           else:
               y=1
           print('y=',y)
```

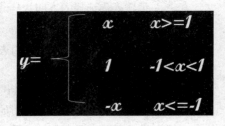

$$y = \begin{cases} x & x>=1 \\ 1 & -1<x<1 \\ -x & x<=-1 \end{cases}$$

请输入x的值：-9
y= 9.0

2）练习

（1）一个根据年龄段收费的游乐场：

74

4 岁以下免费；

4～18 岁收费 5 美元；

18 岁（含）以上收费 10 美元。

输入年龄判断付费情况。

（2）用判断语句：将输入数字改成星期，如下所示：

请输入 1～7 的数字：2
星期二

思考：能否没有 else 子句？

7.2　分支结构的嵌套

1. 基本语法

所谓嵌套，是指某个结构中又套了另一个结构。分支结构的嵌套是指，if 分支结构中又包含了一个或多个 if 结构。

分支嵌套语法如下：

```
if <条件 1>:
    <语句块 1>
    if<条件 2>:
        <语句块 2>
    else:
        <语句块 3>
else:
    <语句块 4>
```

条件表达式可以是逻辑表达式、关系表达式、算术表达式。它表示如果条件 1 为真，执行语句块 1，然后判断条件 2，如果为真，则执行语句块 2；否则条件 1 为真，条件 2 为假，执行语句块 3；如果条件 1 为假，执行语句块 4。

分支嵌套的流程图：

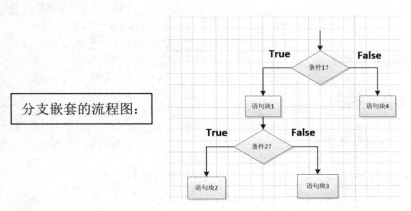

例 7-10：周末根据温度决定安排，如果温度大于 30 ℃，在家休息；如果温度小于等

于 30 ℃，且天气晴朗，就到公园玩耍；如果下雨，就到超市购物。

```
In  [34]: a=eval(input('请输入周末温度：'))
          if a<=30:
              b=input('请输入晴天还是雨天：')
              if b=='晴天':
                  print('我们到公园玩耍。')
              elif b=='雨天':
                  print('我们到超市购物。')
          else:
              print('我们在家休息。')
```

请输入周末温度：25
请输入晴天还是雨天：雨天
我们到超市购物。

2. 练习

（1）从键盘输入 3 个数，按从小到大的顺序输出，用分支嵌套的方式如何完成？

（2）报考军校，除了高考分数达到 600 分的条件，还需要男生身高 180 cm，体重介于 70～80 kg；女生身高 170 cm，体重介于 55～65 kg；否则只能选择 211 高校；如果小于 600 分，只能考取一般院校。用分支嵌套完成。

7.3 综 合 应 用

1. 分支结构综合实例

分支结构作为程序设计非常重要的一种结构，能完成程序设计中的选择问题的解答。可以灵活运用单分支、双分支、多分支、分支的嵌套等多种结构综合完成一个较为复杂的程序模型。下面用一个例子，说明可以使用多种不同的方法完成同一份工作。

例 7-11：如下图，在学生分数符合 0～100 的条件下，按照以下等级，分别输出。

1）用单分支方法

问题描述：

100~90 分的学生为 A 等级，

89~80 分的学生为 B 等级，

79~60 分的学生为 C 等级，

59 分以下的学生为 D 等级。

```
In  [35]: score=eval(input('请输入分数：'))
          if 90<=score<=100:
              print('成绩：', score, '等级为A')
          if 80<=score<90:
              print('成绩：', score, '等级为B')
          if 60<=score<80:
              print('成绩：', score, '等级为C')
          if 0<=score<60:
              print('成绩：', score, '等级为D')
```

请输入分数：59
成绩： 59 等级为D

2）用多分支结构完成

```
In [38]:  score=eval(input('请输入分数：'))
          if 90<=score<=100:
              print('成绩：',score,'等级为A')
          elif 80<=score:
              print('成绩：',score,'等级为B')
          elif 60<=score:
              print('成绩：',score,'等级为C')
          else:
              print('成绩：',score,'等级为D')
```

请输入分数：80
成绩： 80 等级为B

3）用分支嵌套结构完成

```
In [46]:  score=eval(input('请输入分数：'))
          if 0<=score<=100:
              if 90<=score:
                  print('成绩：',score,'等级为A')
              elif 80<=score:
                  print('成绩：',score,'等级为B')
              elif 60<=score:
                  print('成绩：',score,'等级为C')
              else:
                  print('成绩：',score,'等级为D')
          else:
              print('成绩：',score,'录入错误！')
```

请输入分数：-3
成绩： -3 录入错误！

4）用另一种嵌套结构完成

```
In [3]:  score=eval(input('请输入分数：'))
         if 90<=score<=100:
             print('成绩：',score,'等级为A')
         else:
             if 80<=score<90:
                 print('成绩：',score,'等级为B')
             else:
                 if 60<=score<80:
                     print('成绩：',score,'等级为C')
                 else:
                     if 0<=score<60:
                         print('成绩：',score,'等级为D')
                     else:
                         print('成绩：',score,'录入错误！')
```

请输入分数：120
成绩： 120 录入错误！

比较上述4种方法，嵌套方式考虑了录入错误的情况，让程序更加健壮。

2. 综合练习

（1）一年分为 12 个月，输入月份，判断季节。北半球一般为 3～5 月为春季，6～8 月为夏季，9～11 月为秋季，12 月至次年 2 月为冬季；南半球则相反。

（2）计算一元二次方程的实根和虚根 $ax^2 + bx + c = 0$

$$x = \frac{-b \pm \sqrt{b^2 - 4ac}}{2a}$$

提示：① from numpy.lib.scimath import sqrt 导入 NumPy 模块的 sqrt 函数能够计算虚根；
② 但输出时需要将虚根转换为字符串输出；
③ str()能进行字符串转换。

（3）温度转换，根据华氏温度和摄氏温度的定义，利用转换公式：

$$c = (f - 32) / 1.8 \qquad f = c \times 1.8 + 32$$

其中，c 表示摄氏温度，f 表示华氏温度。

（4）输入一个人的年龄，一般不超过 120 岁，判断他处于人生哪一个阶段。

> 0～3：幼儿阶段；
>
> 4～8：儿童阶段；
>
> 9～17：青少年阶段；
>
> 18～60：成人阶段；
>
> 61～：老人阶段。

（5）身体质量一般用 BMI（body mass index）来量化。BMI 是国际上常用的衡量人体肥胖和健康状况的标准。

$$BMI = 体重 / 身高^2$$

BMI 国际、国内标准

分类	国际 BMI 值	国内 BMI 值
偏瘦	<18.5	<18.5
正常	18.5～25	18.5～24
偏胖	25～30	24～28
肥胖	≥30	≥28

（6）制作一个 $PM_{2.5}$ 值分级程序。

$PM_{2.5}$	空气质量等级
0～35	优
36～75	良
76～115	轻度污染
116～150	中度污染
151～250	重度污染
251～500	严重污染

7.4 小　　结

本章介绍了分支结构的几种情况，具体结构图如下。

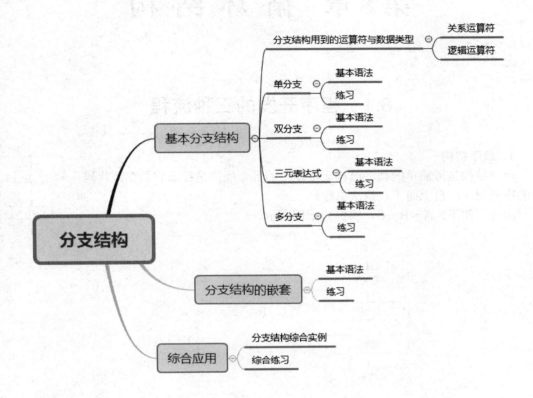

第8章 循环结构

8.1 程序开发的三种流程

1. 顺序结构

顺序结构是最简单的程序结构,程序中的各个操作是按照它们在源代码中的排列顺序,自上而下,依次执行。

流程图如下:A—B—C,实例如下例所示。

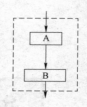

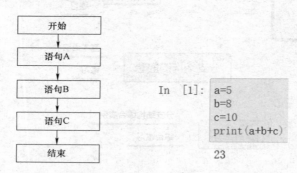

2. 分支结构

分支结构即选择结构,根据某个特定的条件进行判断后,选择其中一支执行;如果说顺结构是一条路走到底,那么选择结构就会有多条路供你选择。代码运行到选择结构时,会判断条件的 True/False,根据条件判断的结果,选择对应的分支继续执行。分支结构分单分支、双分支和多分支结构,如下图所示。

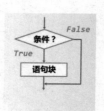

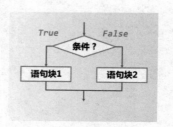

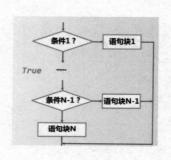

80

3. 循环结构

事物周而复始地运动或变化称为循环。程序中的循环结构是指：在程序中需要反复执行某个或某些操作，直到条件为假时才停止循环。循环结构和选择结构有些类似，不同点在于循环结构的条件判断和循环体之间形成了一条回路，当进入循环体的条件成立时，程序会一直在这个回路中循环，直到进入循环体的条件不成立为止。在 Python 语言中有两种循环，一种是序列循环（for-in 循环），另一种是条件循环（while 循环），如下图所示。

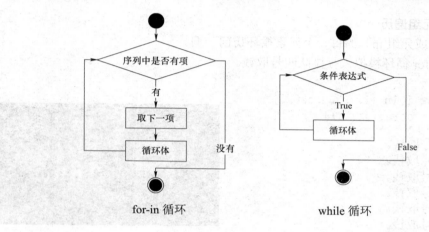

for-in 循环　　　　　　while 循环

8.2　for-in 序列循环

1. 序列循环的定义

序列循环也称为遍历循环或迭代循环，即重复相同的逻辑操作，每次操作都是基于上一次的结果而进行的。它常用于遍历字符串、列表、元组、字典、集合等序列类型，逐个获取序列中的各个元素。

for 循环的语法格式如下：

执行流程：循环变量 x 依次表示遍历结构 y 中的一个元素，遍历完所有元素循环结束。每次循环都执行一次语句块。

每次循环称为一次迭代（iteration）。

2. 字符串遍历

对字符串 s 的每一个字符循环访问一遍。

例 8-1：遍历字符串 s= 'Python'。

```
In  [2]:  s='python'
          for ch in s:
              print(ch, end='-')

          p-y-t-h-o-n-
```

3. 列表或元组遍历

对列表 ls（或元组 tp）的每一个元素循环访问一遍。

例 8-2：用 for 循环模拟银行排队叫号取钱。

```
In  [4]:  for i in [1, 2, 3, 4, 5, 6, 7]:
              print(str(i)+'号取钱。')

          1号取钱。
          2号取钱。
          3号取钱。
          4号取钱。
          5号取钱。
          6号取钱。
          7号取钱。
```

4. range()遍历

range()函数可创建一个整数序列生成式，可以转换为列表，一般用在 for 循环中，控制循环次数。它接收的参数必须是整数，可以是负数，但不能是浮点数等其他类型。

语法：range(start, stop, step)

例 8-3：用 for 循环求 1+2+3+…+100 的和。

```
In  [6]:  s=0
          for i in range(1, 101):
              s+=i
          print('1-100的和为:', s)

          1-100的和为: 5050
```

例 8-4：小明家里有多本图书，请你帮他建立一个图书列表，并查看《西游记》在不在其中，如果在图书列表中，就输出在图书列表中的位置（索引）。

```
In  [7]:  book_list=['三国演义','水浒传','红楼梦','西游记','阿甘正传']
          for i in range(len(book_list)):
              if book_list[i]=='西游记':
                  print('《西游记》在图书列表的索引号为：', i)

          《西游记》在图书列表的索引号为：  3
```

例 8-5：用 '★' 打印直角三角形。

```
In [2]:  for i in range(1,6):
             print('\u2605'*i)
```

★
★★
★★★
★★★★
★★★★★

5. 练习

（1）请制作一本花名册，方便老师上课点名，模拟点名过程，打印每一个学生的序号和姓名。

（2）宠物狗商店里面有多种不同的狗类型，遍历所有的狗。

（3）打印以下等边三角形。

★
★★★
★★★★★
★★★★★★★
★★★★★★★★★

（4）计算从 1 到 100 偶数的和，并输出。

8.3　while 条件循环

1. 条件循环的定义

while 循环即条件循环，语句用于循环执行程序，即在某条件下，循环执行某段程序，以处理需要重复处理的相同任务。和 for 循环不同的是，while 循环不会迭代 list 或 tuple 的元素，而是根据表达式判断循环是否结束。

条件循环结构图如下：

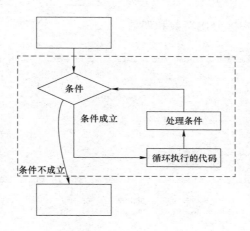

while 语句表达形式：

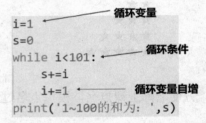

例 8-6：用 while 循环求 1+2+3+⋯+100 的和。

```
i=1
s=0
while i<101:
    s+=i
    i+=1
print('1~100的和为： ',s)
```

注：while 循环的循环变量一般不能省略，它主要控制是否符合循环的条件（从而结束循环）。故此，在循环体中，必须有循环变量的改变，否则，就会一直循环下去，永不停止（也称死循环）。

2. 条件循环举例

例 8-7：陆续输入学生的 Python 成绩，判断等级：90～100，优；80～89，良；70～79，中；60～69，及格；0～59，不及格，输入的数据不在 0～100 范围退出循环。

```
In [*]: score=int(input("请输入学生python成绩： "))
        while 0<=score<=100:
            if 90<=score:
                print("%d等级为： 优" % score)
            elif 80<=score:
                print("%d等级为： 良" % score)
            elif 70<=score:
                print("%d等级为： 中" % score)
            elif 60<=score:
                print("%d等级为： 及格" % score)
            else:
                print("%d等级为： 不及格" % score)
            score=int(input("请输入下一个python成绩： "))
```

请输入学生python成绩： 59
59等级为： 不及格

请输入下一个python成绩： 120

例 8-8：从一组数据中区分出奇数和偶数。

```
In [29]: import random
         nums=[random.randint(1,100) for i in range(20)]   #随机产生20个1-100的整数。
         even,odd=[],[]
         print(nums,'列表长度： ',len(nums))
         while len(nums)>0:
             num=nums.pop()
             if num%2==0:
                 even.append(num)
             else:
                 odd.append(num)
         print('其中偶数为： ',even)
         print('其中奇数为： ',odd)
```

[53, 41, 70, 56, 8, 62, 36, 53, 25, 4, 99, 81, 90, 97, 48, 6, 100, 61, 9, 67] 列表长度： 20
其中偶数为： [100, 6, 48, 90, 4, 36, 62, 8, 56, 70]
其中奇数为： [67, 9, 61, 97, 81, 99, 25, 53, 41, 53]

3. 死循环

死循环也称无限循环或者永真循环，指由于某种错误导致循环体一直循环，没有外力介入，永不停止，一般用 Ctrl+C 终止程序。

例 8-9：用程序描述 "从前有座山，山上有座庙，庙里有个老和尚在讲故事，讲的是什么，讲的是，从前有座山，山上有座庙，庙里有个老和尚在讲故事……"。

```
In [ ]:  while True:
             print('从前有座山，山上有座庙，庙里有个老和尚在讲故事，讲的是什么，讲的是，')
```

4. for 循环和 while 循环的比较

for 和 while 循环是两类不同的循环方法。它们最大的区别就在于 "循环的工作量是否确定"，for 循环就像 ATM 依次取钱一样，直到把所有人的钱都取完才下班。但是 while 循环就像输密码一样，只要 "满足条件" 就干活，不满足条件不干活。一般来说，for 循环适用于已知循环次数，while 循环适用于未知循环次数；它们的比较如下图所示。

for循环 和 while循环	for循环	while循环
循环次数明确	✓	
循环次数不明确		✓
把一件事重复N遍	✓	✓

例 8-10：依次打印列表的元素。

```
In [32]:  ls=['python','c','c++','c#','java','php','javascript']
          for i in ls:
              print(i,end='::')
```

```
python::c::c++::c#::java::php::javascript::
```

```
In [34]:  ls=['python','c','c++','c#','java','php','javascript']
          i=0
          while i<len(ls):
              print(ls[i],end='::')
              i+=1
```

```
python::c::c++::c#::java::php::javascript::
```

通过例 8-10，大家看到，当遍历访问这类明确循环次数的循环操作时，用 for 循环更加方便简洁。

8.4 break、continue、pass 和 else 语句

1. break 语句

通常循环只有完成遍历（for-in 循环）或者循环条件（while 循环）不再满足后，循环才结束。但是这并不能满足程序编辑的需要，故此，Python 另外提供了 break 语句完成跳出循环的功能，哪怕循环并没有结束。即循环体一旦遇到 break 语句，立刻跳出当前循环。也就是说，循环从此有了多个出口。

例 8-11：陆续输入学生的 Python 成绩，判断等级：90～100，优；80～89，良；70～79，中；60～69，及格；0～59，不及格，如果输入 q 或者 Q，则结束循环。

```
In [*]:  score=int(input("请输入学生python成绩："))
         while 0<=score<=100:
             if 90<=score:
                 print("%d等级为：优" % score)
             elif 80<=score:
                 print("%d等级为：良" % score)
             elif 70<=score:
                 print("%d等级为：中" % score)
             elif 60<=score:
                 print("%d等级为：及格" % score)
             else:
                 print("%d等级为：不及格" % score)
             score=input("请输入下一个python成绩：")
             if score=='q' or score =='Q':
                 break
             else:
                 score=eval(score)
```

请输入学生python成绩：90
90等级为：优
请输入下一个python成绩：59
59等级为：不及格

请输入下一个python成绩：q

例 8-12：求两个数的最小公倍数和最大公约数。

```
In [38]:  num1=int(input("请输入第一个数字"))
          num2=int(input("请输入第二个数字"))
          i=num1
          while i>=1:
              if num1%i==0 and num2%i==0:
                  print('最大公约数为',i)
                  print('最小公倍数为',num1*num2/i)
                  break
              i-=1
```

请输入第一个数字6
请输入第二个数字8
最大公约数为 2
最小公倍数为 24.0

2. continue 语句

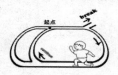

continue 语句表示当某一条件满足时，不执行后续重复的代码，直接进入下一次循环。与 break 语句的主要区别是：break 语句是结束整个循环的过程，不再判断执行循环的条件是否成立；continue 语句是只结束本次循环，并不终止整个循环的执行。

例 8-13：break 语句和 continue 语句比较。

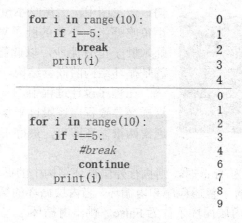

```
for i in range(10):        0
    if i==5:               1
        break              2
    print(i)               3
                           4
```

```
                           0
                           1
for i in range(10):        2
    if i==5:               3
        #break             4
        continue           6
    print(i)               7
                           8
                           9
```

3. pass 语句

pass 语句又称空语句，仅仅为了保持程序的结构完整性。一般用于大型软件系统中的初始设计部分，进行框架搭建，不执行任何操作，仅仅起到占位符的作用，同时可以调试程序框架是否能成功运行。

例 8-14：pass 语句的应用。

```
In [45]:  for i in range(10):
              pass
```

4. else 语句

在代码中，for 循环和 while 循环结束后，如果还带有一个 else 语句，则表示如果循环正常结束，要执行 else 语句块；如果循环通过 break 跳出，不执行 else 语句块。可以这样理解：当循环没有被 break 语句退出时，执行 else 语句，else 语句块作为"正常"完成循环的奖励。

例 8-15：else 语句的应用。

```
In [46]:  for i in range(3):
              print(i)
          else:
              print('循环结束')

0
1
2
循环结束
```

```
In [47]:  for i in range(3):
              print(i)
              if i==2:
                  break
          else:
              print('循环结束')

0
1
2
```

8.5 循 环 嵌 套

1. 嵌套的定义

循环嵌套是指在一个循环中又包含另外一个完整的循环，即循环体中又包含循环语

句。像左图中，大鱼吃小鱼，大鱼的肚子里有小鱼，小鱼吃虾米，小鱼的肚子里有虾米，虾米吃泥沙，虾米肚子里有泥沙，以此循序渐进，一环套一环，就是循环结构的嵌套结构。

在程序设计过程中，一般不建议套用多重循环，这样会导致程序逻辑过于复杂，不利于程序的理解。通常两重循环即可，最好不超过 3 重循环。

2. 嵌套流程结构

（1）当外层循环条件为 True 时，则执行外层循环结构中的循环体。

（2）外层循环体中包含了普通程序和内循环，当内层循环的循环条件为 True 时会执行此循环中的循环体，直到内层循环条件为 False，跳出内循环。

（3）如果此时外层循环的条件仍为 True，则返回第（2）步，继续执行外层循环体，直到外层循环的循环条件为 False。

（4）当内层循环的循环条件为 False，且外层循环的循环条件也为 False 时，则整个嵌套循环才算执行完毕。

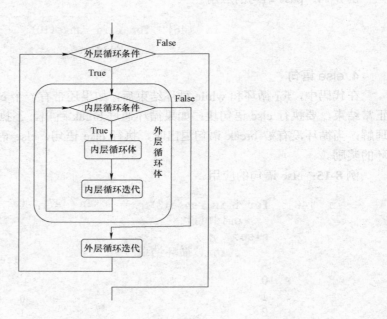

例8-16： 嵌套逻辑应用举例。

```
for i in range(4):          ⟹ 外层循环
    print('\n我是外层循环...')
    for j in range(3):      ⟹ 内层循环
        print('我是内层循环...')
        print('i=%d,j=%d' %(i,j))
```

注：外层循环执行一次，内层循环全部执行一遍。

如果外层循环需要执行 m 次，内层循环需要执行 n 次，嵌套循环一共会执行（$m×n$）次。

3. 嵌套类别

通常二重嵌套有 4 种情况。

1）while 循环中套 while 循环

例8-17： 九九乘法表的 while 嵌套。

```
i=1
while i<=9:
    j=1
    while j<=i:
        print("%d*%d=%-2d" % (j,i,j*i),end=' ')
        j+=1
    i+=1
    print()
```

2）while 循环中套 for 循环

例8-18： while 循环中套 for 循环的举例。

```
i = 0
while i<3:
    for j in range(3):
        print("i=",i," j=",j)
    i=i+1
```

3）for 循环中套 while 循环

例8-19： for 循环中套 while 循环的举例。

```
for i in range(3):
    j=0
    while(j<=2):
        print(i,j)
        j+=1
```

```
我是外层循环...
我是内层循环...
i=0,j=0
我是内层循环...
i=0,j=1
我是内层循环...
i=0,j=2

我是外层循环...
我是内层循环...
i=1,j=0
我是内层循环...
i=1,j=1
我是内层循环...
i=1,j=2

我是外层循环...
我是内层循环...
i=2,j=0
我是内层循环...
i=2,j=1
我是内层循环...
i=2,j=2

我是外层循环...
我是内层循环...
i=3,j=0
我是内层循环...
i=3,j=1
我是内层循环...
i=3,j=2
>>>
```

4）for 循环中套 for 循环

例 8-20：for 循环中套 for 循环的举例。

```
1  for x in ['A', 'B', 'C']:
2      for y in ['1', '2', '3']:
3          print(x + y)
```

A1
A2
A3
B1
B2
B3
C1
C2
C3

8.6 综合应用

1. 举例

循环是最为重要的程序结构，灵活运用 for-in 循环和 while 循环，break、continue 和 else 语句，完成程序设计。

例 8-21：玩剪刀石头布游戏：剪刀/1，石头/2，布/3，计算机随机生成一个 1~3 的数，玩家输入 1~3 的数，比较输赢后，玩家如果输入 yes 或 y，则继续玩，否则结束游戏。

In [*]:
```
import random
while True:
    player=int(input("剪刀/1，石头/2，布/3："))
    computer=random.randint(1,3)
    if(player==1 and computer==3) or (player==2 and computer==1) or (player==3 and computer==2):
        print("玩家赢了")
    elif(player==computer):
        print("平局")
    else:
        print("电脑赢了！")
    flag=input("再玩一局？yes/no")
    if flag=='yes' or flag=='y':
        continue
    else:
        break
```

```
剪刀/1，石头/2，布/3：3
玩家赢了
再玩一局？yes/noyes
剪刀/1，石头/2，布/3：2
玩家赢了

再玩一局？yes/no yes
```

例 8-22：打印 9×9 的星号直角三角形。

In [15]:
```
for i in range(1, 10):
    for j in range(1, i+1):
        print('*', end=' ')
    print()
```

```
*
* *
* * *
* * * *
* * * * *
* * * * * *
* * * * * * *
* * * * * * * *
* * * * * * * * *
```

例 **8-23**：打印 9×9 的数字直角三角形。

```
In [16]: for i in range(1,10):
             for j in range(1,i+1):
                 print(j,end=' ')
             print()
```

```
1
1 2
1 2 3
1 2 3 4
1 2 3 4 5
1 2 3 4 5 6
1 2 3 4 5 6 7
1 2 3 4 5 6 7 8
1 2 3 4 5 6 7 8 9
```

例 **8-24**：打印 9×9 的九九乘法表。

```
In [20]: for i in range(1,10):
             for j in range(1,i+1):
                 print('%d*%d=%-2d' % (j,i,j*i),end=' ')
                 #print(j,'*',i,'=',j*i,end=' ')
             print()
```

```
1*1=1
1*2=2  2*2=4
1*3=3  2*3=6   3*3=9
1*4=4  2*4=8   3*4=12 4*4=16
1*5=5  2*5=10 3*5=15 4*5=20 5*5=25
1*6=6  2*6=12 3*6=18 4*6=24 5*6=30 6*6=36
1*7=7  2*7=14 3*7=21 4*7=28 5*7=35 6*7=42 7*7=49
1*8=8  2*8=16 3*8=24 4*8=32 5*8=40 6*8=48 7*8=56 8*8=64
1*9=9  2*9=18 3*9=27 4*9=36 5*9=45 6*9=54 7*9=63 8*9=72 9*9=81
```

以上 3 例使用了统一的 for 循环框架，唯一不同的是打印内容。

2. 练习

（1）打印 10 颗星星，但要求★和☆间隔显示。

（2）计算 n 的阶乘 $n!$。

（3）计算 1+2+3+4+⋯+n 的值。

（4）录入 Python 课的学生成绩，统计分数大于等于 80 分的学生比例，并求平均分。

（5）编写一个程序进行英文单词的大写转换，输入空字符串结束转换。

（6）母鸡 3 元一只，公鸡 1.5 元一只，小鸡 0.8 元一只，计算 100 元能够完整购买有多少种方法，并输出不同的购买方案。

（7）打印 10～20 之间所有的质数、合数。

（8）用多种方法打印下面的菱形。

（9）利用蒙特卡洛算法计算 pi 的值。蒙特卡洛算法是通过概率来计算 pi 的值的。对于一个单位为 1 的正方形，以其某一个顶点为圆心、边为半径在正方形内画扇形（一个 1/4 的圆形的扇形），那么扇形的面积就是 pi/4。这样，利用概率的方式，"随机"往正方形里面放入一些"点"，根据这些点在扇形内的概率（在扇形内的点数/投的总点数），就可以得到扇形的面积。

提示：用到 random 库中的 random()函数或者 uniform(a, b)函数。

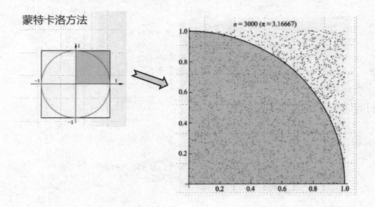

（10）用 while 循环实现 s=1-1/3+1/5-1/7+…，然后计算 pi=4s。要求 1/n 的值一直算到 1/5 000 以前。

（11）玩猜数游戏。随机给定一个 1～100 的数，玩家几次能猜中。

8.7 小 结

循环包括 for-in 循环和 while 循环，本章结构如下。

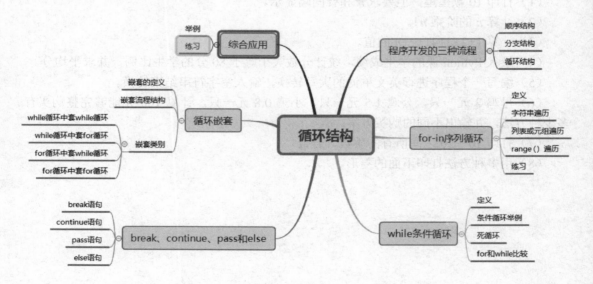

第9章 异 常 处 理

9.1 错误和异常

1. 错误

错误指程序不能正常运行，或者运行结果不合常理。又分为两类：语法错误和逻辑错误。

1）语法错误

代码不符合解释器或者编译器语法，可以通过 IDLE 或者解释器给出的提示进行修改。

例 9-1： 常见的缩进错误示例。

```
In [1]: if age>18:
        print('你已经成年了！')

        File "<ipython-input-1-d08458527e60>", line 2
          print('你已经成年了！')

IndentationError: expected an indented block
```

2）逻辑错误

语法方面没有问题，仅仅是自己在设计层面上出现的问题。IDLE 或者解释器无法检测，只能通过代码检测。

例 9-2： 不符合常识的逻辑错误示例。

```
In [2]: age=eval(input('请输入你的年龄：'))
        if age<18:
            print('你已经成年了！')

请输入你的年龄：8
你已经成年了！
```

注：语法错误可以通过错误提示修改，逻辑错误无法自动检测。

2. 异常

即便 Python 程序的语法是正确的，在它运行的时候，也可能发生错误，程序运行期间出现的错误，叫作异常（exception）。

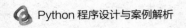

例 9-3：程序运行过程中出现的异常。

```
In  [4]:  age=eval(input('请输入你的年龄：'))
          if age>=18:
              print('你已经成年了！')
```

请输入你的年龄：abc

```
NameError                               Traceback (most recent call last)
<ipython-input-4-348d66bae7c1> in <module>
```
异常位置 ————> 1 age=eval(input('请输入你的年龄：'))
```
              2 if age>=18:
              3     print('你已经成年了！')

<string> in <module>
```
异常类型 `NameError`: name 'abc' is not defined 异常内容提示

　　若程序出现异常，会将错误信息展示出来。异常可以由逻辑错误引起；但是语法上的错误和异常没有关系，必须在程序运行前，改掉语法错误。异常可以通过其他代码来进行修复。

9.2　异　常　类　型

　　Python 是面向对象语言，所以程序抛出的异常也是类。常见的 Python 异常有以下 8 种，大家只要大致扫一眼，有个印象，等到编程的时候，相信大家肯定会不只一次跟它们打照面。如例 9-3 中的 NameError 就是一种变量名错误。

异常	描述
NameError	尝试访问一个没有申明的变量
ZeroDivisionError	除数为 0
SyntaxError	语法错误
IndexError	索引超出序列范围
KeyError	请求一个不存在的字典关键字
IOError	输入输出错误（如你要读的文件不存在）
AttributeError	尝试访问未知的对象属性
ValueError	传给函数的参数类型不正确，如给 int()函数传入字符串形

9.3　异　常　处　理

1. 异常预防

有些异常可以通过完善程序预防产生。

例 9-4：预防异常的实例。

```python
def divide(x,y):
    return x/y

a=eval(input('请用户输入被除数：'))
b=eval(input('请用户输入除数：'))
print(divide(a,b))
```

```
请用户输入被除数: 1
请用户输入除数: 0
Traceback (most recent call last):
  File "C:/Users/dell/Desktop/预防.py", line 6, in <module>
    print(divide(a,b))
  File "C:/Users/dell/Desktop/预防.py", line 2, in divide
    return x/y
ZeroDivisionError: division by zero
>>>
```

```python
def divide(x,y):
    if y!=0:
        return x/y
    else:
        print('除数不能为零，请仔细检查！')
        return 0

a=eval(input('请用户输入被除数：'))
b=eval(input('请用户输入除数：'))
print(divide(a,b))
```

如例 9-4 所示，由于在自定义函数 divide()时考虑不周，第一次产生了除 0 异常；后面增加了 if 条件判断，规避了除 0 异常的可能情况。

2. 异常处理详细介绍

有些异常可以预防，但是还有一些异常无法预防。Python 开发者为程序员设计了异常处理机制来解决这种问题。之所以设计异常处理机制，主要是为了让程序员能够掌控程序的一切，包括异常。

1）异常处理基本结构

Python 语言使用保留字 try 和 except 进行异常处理，基本的语法格式如下。

```
try:
    <可能会出现异常的代码块>
except 捕捉到的异常类型:
    <try语句块出现异常后执行的代码部分>
```

不管以后会抛出多少个异常，只会从上往下检测，检测到一个后，就立即往下匹配，不会多次检测

这里可以有多个重复，用于捕获可能的其他异常

代码块 1 是正常执行的程序内容，当执行这个语句块发生异常时，则执行 except 保留字后面的代码块 2。

例 9-5：异常处理基本结构实例。

```
try:
    a=int(input('请输入一个整数：'))
    print(a+b)
except NameError:
    print("名称有错误，请仔细检查！")
except ValueError:
    print("输入有错，请仔细检查！")
print('123')
```

请输入一个整数：**a**	请输入一个整数：**1**
输入有错，请仔细检查！	名称有错误，请仔细检查！
123	**123**
>>>	>>>

例 9-5 表示可能出现的两种异常：NameError 和 ValueError，分别可以通过 except 语句捕获，而不会发生程序 bug，一切都可以由程序员掌控。

2）异常处理完整结构

异常处理的完整结构是：try/except/else/finally，如下所示。

```
try:
    <可能会出现异常的代码块>
except 捕捉到的异常类型:
    <try语句块出现异常后执行的代码部分>
else:
    <try语句块没有出现异常时执行的代码部分>
    <可以省略>
finally:
    <不管是否出现异常都会执行的代码部分>
    <可以省略>
```

该部分必须放在 except 语句块结束之后

该部分必须放在最后

3）异常处理执行流程图

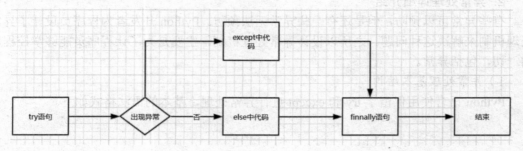

例 9-6：完整的异常处理结构举例。

```
try:
    a=int(input('请输入一个整数：'))
except ValueError:
    print("输入有错，请仔细检查！")
else:
    print('123')
finally:
    print('最后执行的内容，无论是否出现异常，都会执行的语句')
```

```
请输入一个整数：a
输入有错，请仔细检查！
最后执行的内容，无论是否出现异常，都会执行的语句
>>>

请输入一个整数：1
123
最后执行的内容，无论是否出现异常，都会执行的语句
>>>
```

注：else 表示程序正常情况下应该执行的语句，finally 则是最后必须都执行的代码。

9.4　三种特殊的异常处理用法

1. 断言（assert）

断言的语法结构为：`assert expression[,reason]`

其中 assert 是断言的关键字。在执行该语句的时候，先判断表达式 expression，如果表达式为真，则什么都不做；如果表达式不为真，则抛出异常。reason 跟前文的异常类的实例一样。

例 9-7：断言的应用示例。

```
In [8]: sum=0
        for i in range(100):
            num=eval(input('请输入一个数：'))
            assert  num!=0 ,'数据不能是0'
            sum+=1/num
```

```
请输入一个数：4
请输入一个数：0
```

```
AssertionError                            Traceback (most recent call last)
<ipython-input-8-063321aba1f0> in <module>
      2 for i in range(100):
      3     num=eval(input('请输入一个数：'))
----> 4     assert  num!=0 ,'数据不能是0'
      5     sum+=1/num

AssertionError: 数据不能是0
```

可以看到，如果 assert 后面的表达式为真，则什么都不做，如果不为真，就会抛出 AssertionError 异常。

2. 抛出异常

如果想要在自己编写的程序中主动抛出异常(raise)，该怎么办呢？raise 语句可以达到目的。其基本语法如下：

```
raise [Exception [, args [, traceback]]]
```

第一个参数，SomeException 必须是一个异常类，或者异常类的实例；

第二个参数是传递给 SomeException 的参数，必须是一个元组。这个参数用来传递关于这个异常的有用信息；

第三个参数 traceback 很少用，主要是用来提供一个跟踪记录对象（traceback）。

例 9-8：抛出异常实例。

```
In [6]:  sum=0
         for i in range(100):
             num=eval(input('请输入一个数：'))
             if num==0:
                 raise Exception('数据不能是0')
             sum+=1/num
```

请输入一个数：3
请输入一个数：0

```
Exception                                Traceback (most recent call last)
<ipython-input-6-5acd7f6501d1> in <module>
      3      num=eval(input('请输入一个数：'))
      4      if num==0:
----> 5          raise Exception('数据不能是0')
      6      sum+=1/num

Exception: 数据不能是0
```

3. 异常和 sys 模块

另一种获取异常信息的途径是通过 sys 模块中的 exc_info()函数。该函数会返回一个三元组：（异常类，异常类的实例，跟踪记录对象）

例 9-9：通过 sys 模块获取异常信息。

```
try:
    1/0
except:
    import sys
    print(sys.exc_info())
```

(<class 'ZeroDivisionError'>, ZeroDivisionError('division by zero'), <traceback object at 0x0000020386F05340>)

9.5　异常处理综合应用

异常处理是避免程序错误的有效方式，但并不意味着所有代码都进行异常结构处理，一般只针对关键代码进行。综合应用异常处理，会使得代码质量得到更大提升，避免不必要的 bug。

例 9-10：综合应用异常处理。百分制成绩转换等级成绩，用键盘输入成绩，转换等级成绩，即 90～100：A，80～89：B，70～79：C，60～69：D，0～69：E，其他打印成绩异常，用 try…except…else…finally 结构，完善程序，直到输出正确的成绩结束。

```
while True:
    try:
        score=input('请输入一个成绩：')
        score=int(score)
        if score<60:
            print("成绩不及格")
        elif score<70:
            print("及格")
        elif score<80:
            print("中")
        elif score<90:
            print("良")
        elif score<=100:
            print("优")                          ← 给异常 Exception 一个别名 e
    except Exception as e:
        print('系统错误提示：',e)
        print(f'您输入的{score}错误，请输入一个数字（0-100）')
    else:
        if 100>=score>=0:
            print('成绩输入正确，正常结束')
            break
        else:
            print(f'您输入的{score}错误，请输入一个数字（0-100）')
```

9.6 小　　结

本章介绍了异常处理的知识，结构如下。

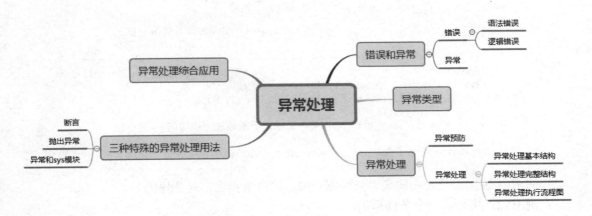

第 10 章　集合与字典

集合（set）与字典（dict）是 Python 中 4 种能保存不同数据类型的两种组合数据类型，其他两种是列表（list）和元组（tuple）。它们的不同之处在于前两种是无序组合数据类型，后两种是有序数据类型。有序类型可以通过索引（下标）访问数据元素，无序类型则不行。

10.1　集　　合

1. 集合的定义

集合（set）是一个无序的不重复元素序列，可以使用大括号{ }或者 set()函数创建集合。需要特别注意：创建一个空集合必须用 set()而不是{ }，因为{ }是用来创建一个空字典。

集合满足三个条件：① 不同元素组成；② 元素间无序；③ 集合中的元素必须为不可变类型。

例 10-1：集合前两个条件的举例。

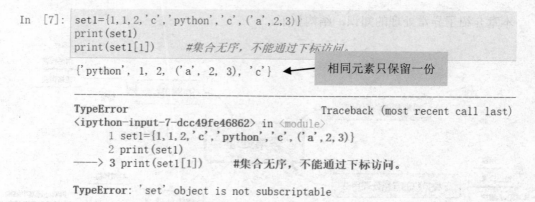

```
In [7]: set1={1, 1, 2, 'c', 'python', 'c', ('a', 2, 3)}
        print(set1)
        print(set1[1])      #集合无序，不能通过下标访问。

        {'python', 1, 2, ('a', 2, 3), 'c'}        相同元素只保留一份
```

```
―――――――――――――――――――――――――――――――――――――――――――――――――――――――――――
TypeError                               Traceback (most recent call last)
<ipython-input-7-dcc49fe46862> in <module>
      1 set1={1, 1, 2, 'c', 'python', 'c', ('a', 2, 3)}
      2 print(set1)
――――> 3 print(set1[1])          #集合无序，不能通过下标访问。

TypeError: 'set' object is not subscriptable
```

例 10-1 表明：集合相同元素只保留一份，同时数据之间是无序的。

例 10-2：集合后一个条件举例。

```
In  [9]: set1={1,1,2,'c','python','c',('a',2,3),[1,3,'love']}
         print(set1)
```

```
TypeError                                 Traceback (most recent call last)
<ipython-input-9-042e5588cec8> in <module>
——> 1 set1={1,1,2,'c','python','c',('a',2,3),[1,3,'love']}
      2 print(set1)

TypeError: unhashable type: 'list'
```

list 是可变数据类型

例 10-2 表明：集合只能保存不可变数据元素，集合中也不能包含集合元素。

2. 创建集合

创建集合有两种方法：①{ }直接创建；②用 set()函数创建。

创建格式：

```
parame = {value01,value02,...}或者 set(value)
```

例 10-3：创建集合实例。

```
In  [17]: set1={3.14,'python',(1,2,3)}
          set2=set('love')
          set3=set()
          print(set1,type(set1))
          print(set2,type(set2))
          print(set3,type(set3))
```

```
{'python', 3.14, (1, 2, 3)} <class 'set'>
{'o', 'l', 'e', 'v'} <class 'set'>
set() <class 'set'>
```

例 10-3 用 set()创建了一个空集合。

3. 集合运算

集合之间也可以进行数学集合运算（如并集、交集等），可用相应的操作符或方法来实现，结构如下图所示。

Set Operation	Venn Diagram	Interpretation
Union		A∪B, is the set of all values that are a member of A, or B, or both.
Intersection		A∩B,is the set of all values that are members of both A and B.
Difference		A\B,is the set of all values of A that are not members of B.
Symmetric Difference		A△B,is the set of all values which are in one of the sets, but not both.

101

1）子集

子集指某个集合中一部分的集合，故亦称部分集合。使用操作符"<"执行子集操作，同样的，也可使用方法 issubset() 完成。

例 10-4：子集的实例。

```
In [20]: set1=set('abc')
         set2=set('abcde')
         set3=set('bcd')
         print(set1<set2, set1<set3)
         print(set1.issubset(set2))
         print(set1.issubset(set3))

         True False
         True
         False
```

2）并集

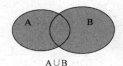

一组集合的并集是这些集合的所有元素构成的集合，而不包含其他元素。使用操作符 "|" 执行并集操作，同样的，也可使用方法 union() 完成。

例 10-5：并集的实例。

```
In [21]: A=set('abc')
         B=set('cdf')
         C=A|B
         D=A.union(B)
         print(C, type(C))
         print(D, type(D))

         {'d', 'f', 'c', 'b', 'a'} <class 'set'>
         {'d', 'f', 'c', 'b', 'a'} <class 'set'>
```

3）交集

两个集合 A 和 B 的交集是含有所有既属于 A 又属于 B 的元素，而没有其他元素的集合。使用 "&" 操作符执行交集操作，同样的，也可使用方法 intersection()完成。

例 10-6：交集的实例。

```
In [23]: A=set('abc')
         B=set('cdf')
         C=A&B
         D=A.intersection(B)
         print(C, type(C))
         print(D, type(D))

         {'c'} <class 'set'>
         {'c'} <class 'set'>
```

4）差集

A 与 B 的差集是所有属于 A 且不属于 B 的元素构成的集合。使用操作符 "-" 执行差集操作，同样的，也可使用方法 difference() 完成。

例 10-7：差集的实例。

```
In  [25]:  A=set('abc')
           B=set('cdf')
           C=A-B
           D=B.difference(A)    #注意：与A-B结果不同。
           print(C,type(C))
           print(D,type(D))

{'b', 'a'} <class 'set'>
{'d', 'f'} <class 'set'>
```

5）对称差

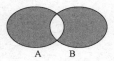

两个集合的对称差是只属于其中一个集合，而不属于另一个集合的元素组成的集合。使用 "^" 操作符执行差集操作，同样的，也可使用方法 symmetric_difference() 完成。

例 10-8：对称差的实例。

```
In  [28]:  A=set('abc')
           B=set('cdf')
           C=A^B
           D=B.symmetric_difference(A)    #注意：与A^B结果相同。
           print(C,type(C))
           print(D,type(D))
           print(C==D)

{'a', 'd', 'b', 'f'} <class 'set'>
{'d', 'b', 'a', 'f'} <class 'set'>
True
```

6）in 运算

判断元素是否在集合中存在。

例 10-9：in 运算在集合中的应用。

```
In  [47]:  print('a' in {'a','b'})

           True
```

4. 集合的方法

1）add()方法

向集合添加元素。

例 10-10： 向集合添加元素示例。

```
In [34]: A=set('abc')
         A.add(1)
         print(A)

{'c', 'b', 'a', 1}
```

注：集合不支持 "+"，也不支持 add（集合）。

2）clear()方法

清空集合元素。

例 10-11： 清空集合实例。

```
In [36]: S={1, 2, 3, 4, 5}
         S.clear()
         print(S, len(S))

set() 0
```

3）copy() 方法

返回集合的浅拷贝。

例 10-12： 浅拷贝集合的实例。

```
In [38]: S={1, 2, 3, 4, 5}
         New_S=S.copy()
         print(S, New_S)
         print(S==New_S)
         print(S is New_S)    #S和New_S在内存不同位置保存。

{1, 2, 3, 4, 5} {1, 2, 3, 4, 5}
True
False
```

4）pop()方法

删除并返回任意的集合元素（如果集合为空，会引发 KeyError）。

例 10-13： 删除任意集合元素。

```
In [40]: S={1, 2, 3, 4, 5}
         S.pop()
         print(S)

{2, 3, 4, 5}
```

5）remove ()方法

删除集合中的一个元素（如果元素不存在，会引发 KeyError）。

例 10-14： 删除指定一个元素。

```
In  [42]:  S={1, 2, 3, 4, 5}
           S. remove (3)
           print (S)

           {1, 2, 4, 5}
```

6）discard()方法

删除集合中的一个元素（如果元素不存在，则不执行任何操作）。

例 10-15： 删除指定的一个元素。

```
In  [44]:  S={1, 2, 3, 4, 5}
           S. discard ('ab')
           print (S)

           {1, 2, 3, 4, 5}
```

5. 集合与内置函数

与集合相关的常用内置函数如下。

函数	描　　述
all()	如果集合中的所有元素都是 True（或集合为空），则返回 True
any()	如果集合中的所有元素都是 True，则返回 True；如果集合为空，则返回 False
enumerate()	返回一个枚举对象，其中包含了集合中所有元素的索引和值（配对）
len()	返回集合的长度（元素个数）
max()	返回集合中的最大项
min()	返回集合中的最小项
sorted()	从集合中的元素返回新的排序列表（不排序集合本身）
sum()	返回集合的所有元素之和

例 10-16： all()和 any()的区别。

```
In  [58]:  print(all({'ab', 3. 14, 67}), all(set()), all({'', 345, 'python'}))

           print(any({'ab', 3. 14, 67}), any(set()), any({'', 345, 'python'}))

           True True False
           True False True
```

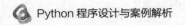

例 10-17：enumerate()的应用。

```
In [61]: A=set('abc')
         for i,v in enumerate(A):
             print(i,v)
         print(list(enumerate(A)))

         0 c
         1 b
         2 a
         [(0, 'c'), (1, 'b'), (2, 'a')]
```

例 10-18：sorted()、sum()、len()、max()和 min()的应用。

```
In [68]: S={3,5,6,0,8,17}
         print(sorted(S),sum(S),len(S),max(S),min(S))

         [0, 3, 5, 6, 8, 17] 39 6 17 0
```

10.2　字　　典

1. 字典的定义

　　字典（dict）是除列表（list）以外 Python 之中最灵活的数据类型。它是另一种可变容器模型，且可存储任意类型对象。字典的每个键值 key=>value 对用冒号"："分割，每个对之间用逗号"，"分割，相当于数学的映射关系。整个字典包括在花括号 {} 中，格式如下所示：
　　　　d = {key1 : value1, key2 : value2, key3 : value3 }

注意：dict 作为 Python 的关键字和内置函数，变量名不建议命名为 dict。

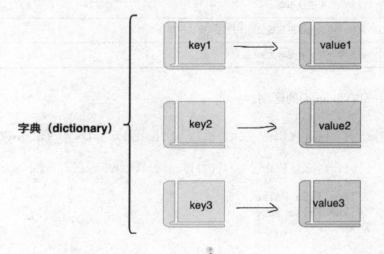

字典（dictionary）

键必须是唯一的，但值则不必。值可以取任何数据类型，但键必须是不可变的，如字符串、数字或元组。

例 10-19：这是一个 xiaoming 的字典实例。

```
In [3]: xiaoming = {"name": "小明",
                    "age": 18,
                    "gender": True,
                    "height": 1.75}
        print(xiaoming, type(xiaoming))
```

{'name': '小明', 'age': 18, 'gender': True, 'height': 1.75} <class 'dict'>

2. 创建字典

字典由键和对应值成对组成，故字典也被称作关联数组或哈希表。创建字典可以用变量赋值{ }创建，也可以用 dict()函数创建。

1）用变量赋值{ }创建字典

格式为：变量名={ key: value, …}。

例 10-20：用变量赋值{ }创建字典。

```
In [16]: d1={1:'a',2:'b',3:'c'}
         d2={'baidu':'李彦宏','ali':'马云','jingdong':'刘强东','tengxun':'马化腾'}
         d3={}
         print(d1,len(d1),type(d1))
         print(d2,len(d2),type(d2))
         print(d3,len(d3),type(d3))
```

{1: 'a', 2: 'b', 3: 'c'} 3 <class 'dict'>
{'baidu': '李彦宏', 'ali': '马云', 'jingdong': '刘强东', 'tengxun': '马化腾'} 4 <class 'dict'>
{} 0 <class 'dict'>

注：d3 是空字典的创建方式；len()函数求字典的键值对的个数。

2）用 dict()函数创建字典

dict() 函数用于创建一个字典，dict()使用的参数有以下三种：

```
class dict(**kwarg)
class dict(mapping, **kwarg)
class dict(iterable, **kwarg)
```

参数说明：

① **kwargs——关键字。

② mapping——元素的容器，映射类型（mapping types）是一种关联式的容器类型，它存储了对象与对象之间的映射关系。

③ iterable——可迭代对象。

例 10-21：用 dict()函数创建字典。

```
In [24]:  empty=dict()
          d1=dict(a='A',b='B',c='C')
          d2=dict(zip(['one','two','three'],(1,2,3)))
          d3=dict([(1,'a'),(2,'b')],c=3)
          print(empty)
          print(d1)
          print(d2)
          print(d3)

          {}
          {'a': 'A', 'b': 'B', 'c': 'C'}
          {'one': 1, 'two': 2, 'three': 3}
          {1: 'a', 2: 'b', 'c': 3}
```

注：zip()函数的功能是将参数 1 和参数 2 中的值分别组合成一个键值对。dict()也可以创建空字典。

3）赋值创建字典

通过空字典赋值方式也可以创建字典。

例 10-22：赋值创建字典举例。

```
In [33]:  stations = {}                              #set():创建一个集合{ }
          stations["kone"] = set(["id","nv","ut"])    #注意：集合与字典的区别
          stations["ktwo"] = set(["wd","id","mt"])
          stations["kthree"] = set(["or","nv","ca"])
          stations["kfour"] = set(["nv","ut"])
          stations["kfive"] = set(["ca","az"])
          print(stations,len(stations),type(stations))

          {'kone': {'nv', 'ut', 'id'}, 'ktwo': {'mt', 'wd', 'id'}, 'kthree': {'nv', 'ca', 'or'},
          'kfour': {'nv', 'ut'}, 'kfive': {'ca', 'az'}} 5 <class 'dict'>
```

3. 字典取值

字典包括键和值，不能通过下标索引方式取值，只能通过字典的键去取值。（从本质上看，字典是集合，无序组合数据类型）

1）字典[key]取值

字典[key]的方式可以从字典中取值，但 key 不存在会报错。

例 10-23：字典[key]取值举例。

```
In [26]:  d={'baidu':'李彦宏','ali':'马云','jingdong':'刘强东','tengxun':'马化腾'}
          print(d['baidu'],d['jingdong'])

          李彦宏 刘强东
```

2）字典.get(key)取值

字典.get(key)方法可以从字典中取值，key 不存在也不会报错。

例 10-24：字典.get(key)方法取值。

```
In [27]:  d={'baidu':'李彦宏','ali':'马云','jingdong':'刘强东','tengxun':'马化腾'}
          print(d.get('baidu'),d.get('toutiao'))

          李彦宏 None
```

4. 字典常用方法

1）字典.items()

字典.items()方法，把字典中每对 key 和 value 组成一个元组，并把这些元组放在列表中返回。

例 10-25： 同时访问字典的键和值。

```
In [28]:   person={'name':'zhangsan','age':18,'city':'BeiJing','blog':'www.jb51.net'}
           for key,value in person.items():
               print('key=',key,', value=',value)

           key= name , value= zhangsan
           key= age , value= 18
           key= city , value= BeiJing
           key= blog , value= www.jb51.net
```

2）字典.keys()

字典.keys()方法，取字典的键的列表。

例 10-26： 遍历访问字典键的两种方法。

```
In [39]:   person={'name':'zhangsan','age':18,'city':'BeiJing','blog':'www.jb51.net'}
           print(person.keys())
           for key in person.keys():
               print('key=',key)
           for k in person:          #字典默认访问键。
               print(k)

           dict_keys(['name', 'age', 'city', 'blog'])
           key= name
           key= age
           key= city
           key= blog
           name
           age
           city
           blog
```

注：如例 10-26 所示，字典默认访问键。

3）字典.values()

字典.values()方法，取字典的值的列表。

例 10-27： 遍历访问字典的值的方法。

```
In [41]:   person={'name':'zhangsan','age':18,'city':'BeiJing','blog':'www.jb51.net'}
           print(person.values())
           for value in person.values():
               print('value=',value)

           dict_values(['zhangsan', 18, 'BeiJing', 'www.jb51.net'])
           value= zhangsan
           value= 18
           value= BeiJing
           value= www.jb51.net
```

4）字典.pop('key')

字典.pop('key')方法，删除字典相应 'key'对应的值，还可以用系统提供的 del 命令。

例 10-28：删除指定的键值对。

```
In  [51]:  person={'name':'zhangsan','age':18,'city':'BeiJing','blog':'www.jb51.net'}
           print(person.pop('name'))    #弹出'name'对应的值。
           del person['age']            #删除'age':18的键值对。
           print(person)
```

```
zhangsan
{'city': 'BeiJing', 'blog': 'www.jb51.net'}
```

5）字典.popitem()

字典.popitem()方法，删除字典中的数据项（一般为最后一项）。

例 10-29：删除字典最后一项。

```
In  [49]:  person={'name':'zhangsan','age':18,'city':'BeiJing','blog':'www.jb51.net'}
           print(person.popitem())    #弹出最后一项。
           print(person)
```

```
('blog', 'www.jb51.net')
{'name': 'zhangsan', 'age': 18, 'city': 'BeiJing'}
```

6）字典.clear()

字典.clear()方法，清空字典（字典存在，只是为{}）。区别于 del 字典。

例 10-30：字典的清空与删除。

```
In  [54]:  person={'name':'zhangsan','age':18,'city':'BeiJing','blog':'www.jb51.net'}
           person.clear()  #清空字典，但还存在。
           print(person)
           del person      #删除字典，字典不存在。
           print(person)
```

```
{}
```

```
NameError                                Traceback (most recent call last)
<ipython-input-54-a12c8fff3b3e> in <module>
      3 print(person)
      4 del person        #删除字典，字典不存在。
----> 5 print(person)

NameError: name 'person' is not defined
```

7）字典.update()

字典.update()方法，更新字典。

例 10-31：字典更新的两种方法。

```
In [57]:    dict1 = {'Name': 'lisi', 'Age': 7}
            dict2 = {'Sex': 'female' }
            dict1.update(dict2)
            print ("更新字典 dict : ", dict1)
            dict1['city']='Beijing'
            dict1['Age']=18
            print("更新字典后 dict : ", dict1)
```

更新字典 dict : {'Name': 'lisi', 'Age': 7, 'Sex': 'female'}
更新字典后 dict : {'Name': 'lisi', 'Age': 18, 'Sex': 'female', 'city': 'Beijing'}

思考：列表.insert()、列表.extend()、列表.append()方法都可以完成列表的更新，为何字典只有字典.update()一种方法？

8）字典.setdefault()

语法为：`dict.setdefault(key,default=None)`

字典.setdefault()方法，用于设置字典的键的默认值。

例 10-32：字典默认值的应用。

```
In [59]:    dict1={'baidu':'百度','JD':'京东'}
            dict1.setdefault('taobao','淘宝')
            dict1.setdefault('baidu', None)      #默认值被新值取代。
            dict1.setdefault('tianmao')          #默认值为None
            for k, v in dict1.items():
                    print(k, v)
```

baidu 百度
JD 京东
taobao 淘宝
tianmao None

9）字典.copy()

字典.copy()方法，用于复制一个字典的浅拷贝。

例 10-33：创建一个字典的浅拷贝。

```
In [61]:    dict1 = {'user':'runoob','num':[1, 2, 3]}
            dict2 = dict1
            dict3 = dict1.copy()
            dict1['user']='root'
            dict1['num'].remove(1)
            print(dict1)
            print(dict2)
            print(dict3)
```

{'user': 'root', 'num': [2, 3]}
{'user': 'root', 'num': [2, 3]}
{'user': 'runoob', 'num': [2, 3]}

解析：① b = a: 赋值引用，a 和 b 都指向同一个对象。

② b = a.copy(): 浅拷贝，a 和 b 是一个独立的对象，但它们的子对象还是指向统一对象（是引用），如下图所示。

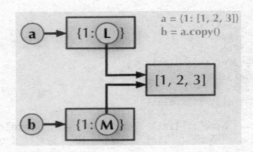

10）字典.fromkeys()

语法为：`dict.fromkeys(seq[,value])`

参数如下：

seq——字典键值列表。

value——可选参数，设置键序列（seq）的值。

返回值：该方法返回一个新字典。

例 10-34：通过字典.fromkeys()方法创建字典。

```
In [67]:  seq=['k1','k2','k3']
          print(dict.fromkeys(seq))
          print(dict.fromkeys(seq,100))
          print(dict.fromkeys(seq,(100,200,300)))
```

```
{'k1': None, 'k2': None, 'k3': None}
{'k1': 100, 'k2': 100, 'k3': 100}
{'k1': (100, 200, 300), 'k2': (100, 200, 300), 'k3': (100, 200, 300)}
```

注：特别说明，并不能通过此方法给每个键赋予不同的值。

5. 字典的应用

1）字典的遍历

遍历就是依次从字典中获取所有键值对，for 循环内部使用的"key 的变量"字典。在实际开发中，由于字典中每一个键值对保存数据的类型是不同的，所以针对字典的循环遍历需求并不是很多。

例 10-35：字典的遍历。

```
In [69]:  xiaoming = {"name": "小明",
                      "age": 18,
                      "gender": True,
                      "height": 1.75}
          for k in xiaoming:
              print('{}: {}'.format(k, xiaoming[k]))
```

```
name: 小明
age: 18
gender: True
height: 1.75
```

2）更多的应用场景

字典更多的应用场景是：将多个字典放在一个列表中，再进行遍历，在循环体内部针对每一个字典进行相同的处理。

例 10-36：字典的应用。

```
In [72]: card_list = [{"name": "张三",
                       "qq": "12345",
                       "phone": "110"},
                      {"name": "李四",
                       "qq": "54321",
                       "phone": "10086"}]
         for i in card_list:
             for j in i:
                 print("{}:{}".format(j, i[j]))
```

```
name:张三
qq:12345
phone:110
name:李四
qq:54321
phone:10086
```

6. 字典的嵌套

字典是支持无限极嵌套的数据类型。

例 10-37：字典的嵌套。

```
In [73]: dic1 = {'Tom':{'A':[1,2,3],'B':[4,5,6]},'Lili':{'D':[7,8,9],'E':['A','B','C','D']}}
         print(dic1['Tom'])
         print(dic1['Tom']['A'])
```

```
{'A': [1, 2, 3], 'B': [4, 5, 6]}
[1, 2, 3]
```

7. 字典的行列推导式

可以使用字典的行列推导式的方式快速生成多个键值对。

例 10-38：随机生成 20 名同学的分数（60～100），获取其中大于等于 90 分的人。

```
In [78]: import random
         stu={'student'+str(i):random.randint(60,100) for i in range(20)}
         print(stu)
         print('='*60)
         print({name:score for name,score in stu.items() if score>=90})
```

```
{'student0': 68, 'student1': 80, 'student2': 73, 'student3': 94, 'student4': 65, 'stude
nt5': 73, 'student6': 87, 'student7': 63, 'student8': 84, 'student9': 78, 'student10':
68, 'student11': 78, 'student12': 95, 'student13': 100, 'student14': 74, 'student15': 6
9, 'student16': 81, 'student17': 71, 'student18': 95, 'student19': 69}
============================================================
{'student3': 94, 'student12': 95, 'student13': 100, 'student18': 95}
```

8. 综合应用

例 10-39：生成多个银行卡号，并初始化密码为 "000000"。

注：卡号由 6 位组成，前 3 位是 610。

1）方法一：

```
In [81]: cards = []
         for i in range(1, 101):
             a = '610%03d' %(i)
             cards.append(a)
         print({}.fromkeys(cards, '000000'))
```

```
{'610001': '000000', '610002': '000000', '610003': '000000', '610004': '000000', '61000
5': '000000', '610006': '000000', '610007': '000000', '610008': '000000', '610009': '00
0000', '610010': '000000', '610011': '000000', '610012': '000000', '610013': '000000',
'610014': '000000', '610015': '000000', '610016': '000000', '610017': '000000', '61001
8': '000000', '610019': '000000', '610020': '000000', '610021': '000000', '610022': '00
```

2）方法二：

```
In [83]: cards={}
         for i in range(1, 101):
             cards.setdefault('610'+('%03d' % i), '000000')
         print(cards)
```

```
{'610001': '000000', '610002': '000000', '610003': '000000', '610004': '000000', '61000
5': '000000', '610006': '000000', '610007': '000000', '610008': '000000', '610009': '00
0000', '610010': '000000', '610011': '000000', '610012': '000000', '610013': '000000',
'610014': '000000', '610015': '000000', '610016': '000000', '610017': '000000', '61001
8': '000000', '610019': '000000', '610020': '000000', '610021': '000000', '610022': '00
```

例 10-40：运用字典创建多个用户注册信息，然后遍历显示用户。

```
In [84]: keys=['name','age','phone','email']
         flag=input("请输入是否录入用户信息（y/n）:")
         users_info=[]
         while flag=='y' or flag=='Y':
             dict1=dict.fromkeys(keys)
             dict1['name']=input("请输入用户姓名：")
             dict1['age']=input("请输入用户年龄：")
             dict1['phone']=input("请输入用户电话：")
             dict1['email']=input("请输入用户电子邮件：")
             users_info.append(dict1)
             flag=input("是否继续录入用户信息(y/n)?")
             if flag=='n' or flag=='N':
                 break
         else:
             print("并没有用户信息录入！！")
         print("当前系统一共有%d个用户\n用户信息如下：" % len(users_info))
         for i in users_info:
             for k,v in i.items():
                 print("%s:%s" % (k,v), end='   ')
             print()
```

```
请输入是否录入用户信息（y/n）:y
请输入用户姓名：zhangsan
请输入用户年龄：18
请输入用户电话：1234567
请输入用户电子邮件：zhangsan@126.com
是否继续录入用户信息(y/n)?n
当前系统一共有1个用户
用户信息如下：
name:zhangsan   age:18   phone:1234567   email:zhangsan@126.com
```

9. 四种组合数据类型的比较

总结列表、元组、字典、集合的联系与区别，如下表所示。

属性	列表（list）	元组（tuple）	字典（dict）	集合（set）
有序	是（正向递增/反向递减）	是	无	无
数据可重复	是	是	key 值唯一	否
数据可修改	是	否	是	是
特点	查询速度随内容增加而变慢，占用内存较小	表达固定数据项、函数多返回值、多变量同步赋值、循环遍历等情况下适用	改&查操作速度快，不会因 key 值增加而变慢。占用内存大，内存浪费多（利用空间成本换时间）	数据独立性：能够过滤重复参数

不同序列数据类型之间的关系，如下图所示。

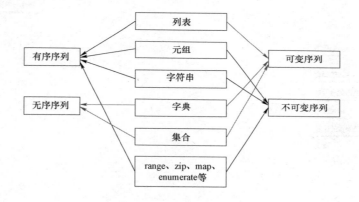

10. 练习

（1）给定一个五位数，满足条件：ABCDE*A=EEEEE，计算该题的解。

（2）单位年终评优，每一位员工都录入了两名候选人，所有候选人都保存在一个列表当中，现运用所学组合数据类型实现输出票数为前两名的员工姓名及其当选票数。

（3）运用字典实现 C 语言中的 case 语句。

\# 实现四则运算

\# 用户分别输入第一个数字，运算操作符，第三个数字；

\# 根据用户的运算操作打印出运算结果；

10.3　小　　结

本章介绍的集合和字典，结构图如下。

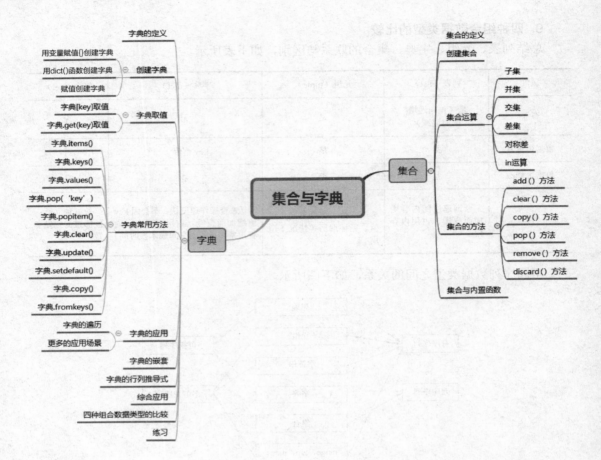

第 11 章　函数与模块

函数是可重用的程序代码块。使用函数可以加强代码的复用性，提高程序编写的效率，更能实现代码的一致性。一致性指的是，只要修改函数的代码，则所有调用该函数的地方都能得到体现。函数必须先创建才可以使用，该过程称为函数定义，函数创建后可以使用，使用过程称为函数调用。在编写函数时，函数体中的代码写法和前文所述的基本一致，只是对代码实现了封装，并增加了函数调用、传递参数、返回计算结果等内容。

11.1　函数的分类

Python 中函数分为以下几类。

1）内置函数

前面使用的 str()、list()、len()、eval()、print()等这些都是内置函数，可以通过 dir(__builtins__)查看，打开编辑器就常驻内存，可以拿来直接使用。

2）标准库函数

可以通过 import 语句导入库，然后使用其中定义的函数。如常用的 math 数学函数库、random 随机函数库。

3）第三方库函数

Python 社区也提供了很多高质量的库。下载安装这些库后，也是通过 import 语句导入，然后可以使用这些第三方库的函数。例如，用于矩阵运算的 NumPy 库，用于机器学习的 Sklearn 库等。

4）用户自定义函数

用户自己定义的函数，显然也是开发中适应用户自身需求定义的函数，下面学习的就是如何自定义函数。

11.2　函数的定义和调用

1. 函数的定义

Python 定义函数使用 def 关键字，一般格式如下：

def 函数名（参数列表）:

函数体

详细函数结构解析如下：

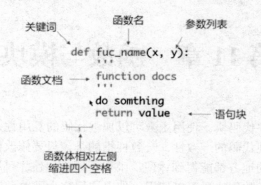

① def 是英文 define 的缩写，然后就是一个空格和函数名称。

② 函数名称的命名应该符合标识符的命名规则，同时能够表达函数封装代码的功能，尽可能"见其名知其意"，方便后续调用。

③ 参数列表可有可无，多个参数则使用逗号隔开；但()必不可少，后续的"："表示函数体的开始，调用函数时参数必须一一对应。

④ 回车后自动缩进 4 个空格表示函数体，进行功能代码段的编写。

⑤ 函数文档部分可有可无，主要起介绍函数功能的注释作用，一般紧接着第一行的"："后面，可以通过："函数__doc__"的方式显示出来。

⑥ return 语句必不可少，表示函数的返回，如果没有书写，默认为：return none，可以有多个 return 语句。

例 11-1：自定义一个函数实例。

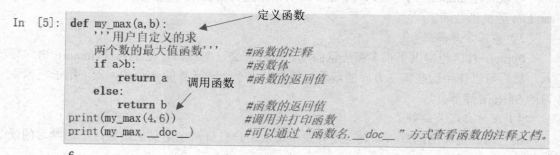

```
In [5]:  def my_max(a,b):
             '''用户自定义的求
             两个数的最大值函数'''        #函数的注释
             if a>b:                      #函数体
                 return a                 #函数的返回值
             else:
                 return b                 #函数的返回值
         print(my_max(4,6))              #调用并打印函数
         print(my_max.__doc__)           #可以通过"函数名.__doc__"方式查看函数的注释文档。
```

6
用户自定义的求两个数的最大值函数

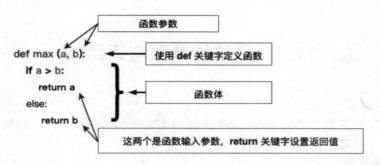

2. 函数的调用

函数定义后，需要调用才能执行。也就是在调用函数之前，必须要先定义函数再调用，即调用 def 创建函数对象。

（1）内置函数对象会自动创建。当用户使用内置函数时，系统会自动为其创建一个内置函数对象，供用户调用。如 print()、input()、len() 等内置函数。

（2）标准库和第三方库函数，通过 import 导入模块时，会执行模块中的 def 语句。如 math 库、random 库等。

例 11-2：标准库 math 的举例。

```
In [4]:  import math
         print(math.pi)              #pi的值
         print(math.sin(math.pi/2))  #90度的正弦值

         3.141592653589793
         1.0
```

（3）用户自定义函数调用，一般有两种方法。

① 第一种见例 11-1、例 11-2，用函数名（实参表）的方式调用。

② 第二种方式：通过 if __name__=='__main__':进入分支结构进行调用。对于只有一个文件模块的程序，第一种方式比较方便；但对于多人团队分别开发的程序，第二种方式能有效避免不必要的错误。（原因：多人开发了多个不同的模块文件，在相互调用的时候，如果是第一种调用方式，会执行两次函数，造成不必要的多余数据；如果是第二种调用函数方式，则能避免这种情况。）

例 11-3：自定义函数第二种调用方式。

```
In [7]:  def my_max(a,b):
             '''用户自定义的求
             两个数的最大值函数'''   #函数的注释
             if a>b:                  #函数体
                 return a             #函数的返回值
             else:
                 return b
         if __name__=='__main__':
             x=int(input('请输入第一个数：'))
             y=int(input('请输入第二个数：'))
             print('两个数中较大的数是：',my_max(x,y))

         请输入第一个数：56
         请输入第二个数：78
         两个数中较大的数是： 78
```

11.3　函数的参数与返回值

1. 参数的定义

信息可以作为参数传递给函数，参数在函数名后的括号内指定。可以根据需要添加任意数量的参数，只需用逗号分隔即可。

1）参数的作用

函数，把具有独立功能的代码块组织为一个小模块，在需要的时候调用。函数的参数，增加函数的通用性，针对不同的数据使用相同的处理逻辑，能够适应更多的数据。在函数内部，把参数当作变量使用，进行需要的数据处理；函数在调用时，按照函数定义的形式参数顺序，把希望在函数内部处理的数据，通过实际参数传递给函数运算处理。

2）形参与实参

形参：当定义函数时，小括号中的参数是用来接收参数用的，在函数内部作为变量使用，也称为定义函数时的形式参数，简称形参。

实参：当调用函数时，小括号中的实际赋予参数是用来把数据传递到函数内部用的，也称实际参数，简称实参。

2. 函数的参数传递

函数在调用时，把实参值传递给形参的过程称为参数传递。参数传递有两种方式：一种是值传递，另一种是地址传递。

1）值传递

将参数复制一份副本（堆和栈中都复制）传入函数内，函数内部修改的数据实际上是复制的副本，原参数不会受到影响。

例 11-4：值传递的实例，定义 swap(a,b) 函数，交换两个变量的值。

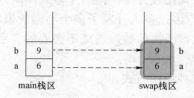

In [52]:
```python
def swap(a, b):
    # 下面代码实现a、b变量的值交换
    a, b = b, a
    print("swap函数里，a的值是", a, "；b的值是", b)
a = 6
b = 9
swap(a , b)
print("交换结束后，变量a的值是", a , "；变量b的值是", b)
```

swap函数里，a的值是 9 ；b的值是 6
交换结束后，变量a的值是 6 ；变量b的值是 9

2）地址传递

如果实际参数的数据类型是可变对象（列表、字典），则函数参数的传递方式将采用引用传递方式（也称地址传递）。

例 11-5：地址传递实例，定义 swap()函数交换值。

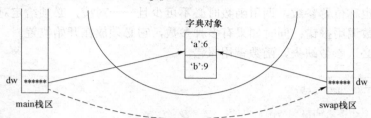

```
In [53]:   def swap(dw):
           # 下面代码实现dw的a、b两个元素的值交换
               dw['a'], dw['b'] = dw['b'], dw['a']
               print("swap函数里，a元素的值是",dw['a'], "；b元素的值是", dw['b'])
           dw = {'a': 6, 'b': 9}
           swap(dw)
           print("交换结束后，a元素的值是",dw['a'], "；b元素的值是", dw['b'])
```

```
swap函数里，a元素的值是 9 ；b元素的值是 6
交换结束后，a元素的值是 9 ；b元素的值是 6
```

3）特殊情况

如果函数内部创建了同名（列表、字典）的局部变量，函数仅改变局部变量的值。

例 11-6：当局部变量与全局变量同名时，参数如何传递。

```
In [56]:   dw={'a':6,'b':9}
           def swap(dw):
               dw={'a':6,'b':9}
               dw['a'],dw['b']=dw['b'],dw['a']
               print(dw)
           swap(dw)
           print(dw)
```

```
{'a': 9, 'b': 6}
{'a': 6, 'b': 9}
```

3. 函数的返回值

函数是一个功能模块，一般调用后会返回到调用位置，一个函数运行的结果，即返回值。通常用 return 语句实现函数返回值。返回值如果没有，可以不写 return，系统默认 return None；返回值如果有多个值，会以一个元组（tuple）方式返回值；返回值还可以是函数对象。

例 11-7：函数返回一个元组实例。

```
In [38]:   def fanhui():
               return 1, 2, 3, 4
           print(fanhui())
```

```
(1, 2, 3, 4)
```

4. 参数的类别

函数的参数分为固定参数和可变参数两个类别。所谓固定参数，指的是参数个数确定；可变参数指的是参数个数不确定，下面分别讲解。

1）必选参数

必选参数也称位置参数，调用函数时必不可少且一一对应，必须给定对应于形参的实参，否则函数调用报错；同时如果有多种参数，它必须放在开始位置。

例 11-8：必选参数缺失，函数调用报错。

```
In [8]:  def my_max(a,b):
             '''用户自定义的求
             两个数的最大值函数'''        #函数的注释
             if a>b:                      #函数体
                 return a                 #函数的返回值
             else:
                 return b
         x=int(input('请输入第一个数：'))
         y=int(input('请输入第二个数：'))
         print('两个数中较大的数是：',my_max(x))
```

两个必选参数，只传了一个

```
请输入第一个数：45
请输入第二个数：67
```

```
TypeError                                Traceback (most recent call last)
<ipython-input-8-0c45bc01b314> in <module>
      8 x=int(input('请输入第一个数：'))
      9 y=int(input('请输入第二个数：'))
---> 10 print('两个数中较大的数是：',my_max(x))

TypeError: my_max() missing 1 required positional argument: 'b'
```

2）默认参数

所谓默认参数，是指在定义函数时，形参直接赋予了一个初始值。在调用函数时，可以不必给这个默认参数实参，但是，如果给了这个默认参数实参，就以实参为准。

例 11-9：默认参数的演示实例。

```
In [11]:  def my_max(a,b=10):        #a是必选参数，b是默认参数。
              if a>b:
                  return a
              else:
                  return b
          x=int(input('请输入第一个数：'))
          y=int(input('请输入第二个数：'))
          print('两个数中较大的数是：',my_max(x),my_max(x,y))
```

```
请输入第一个数：45
请输入第二个数：67
两个数中较大的数是： 45 67
```

3）关键字参数

在调用函数的时候，如果指定形参变量为具体的值，则这种方式称为关键字参数调用。

即使用形参的名字来传入实参的方式，如果使用了形参名字，那么实参就可和定义顺序不同。

例 11-10：关键字参数调用举例。

```
In [12]:  def my_max(a,b=10):       #a是必选参数，b是默认参数。
              if a>b:
                  return a
              else:
                  return b
          x=int(input('请输入第一个数：'))
          y=int(input('请输入第二个数：'))
          print('两个数中较大的数是：',my_max(b=x,a=y))  #b=x,a=y就是关键字参数调用。
```

```
请输入第一个数：45
请输入第二个数：67
两个数中较大的数是： 67
```

4）可变（必选）参数

可变参数即一个形参可以匹配任意个参数（也可以是 0 个），只需要在定义形参前面加一个 "*" 即可。

例 11-11：可变必选参数的举例。

```
In [24]:  def calc(*nums):       ##*nums是可变必选参数，可以有任意多个数据。
              s=0
              for i in nums:
                  s+=i*i
              return s
          print(calc(3,6,7))
          print(calc(*[4,5,6,7]))
          print(calc(*tuple(range(11))))
```

```
94
126
385
```

注："*" 运算也称解包运算，它可以将其后的组合数据类型自动解包为多个单变量。

5）可变（关键字）参数

形参前使用 "**" 符号，表示可以接收多个关键字参数，收集的实参名称和值组成一个字典。一般用于可变字典类型的数据实参传输。

例 11-12：可变关键字参数的举例。

```
In [35]:  def person(name,age,**every):
              print('name:',name, 'age:',age,'other:',every)

          extra={'city':'tianjing','job':'science'}
          person('liuzhengyu',18,city='Beijing',job='工程师')    #city和job是两个关键字参数
          person('dingzheng',18,city=extra['city'], job=extra['job'])
          person('luyi',18,**extra)
```

```
name: liuzhengyu age: 18 other: {'city': 'Beijing', 'job': '工程师'}
name: dingzheng age: 18 other: {'city': 'tianjing', 'job': 'science'}
name: luyi age: 18 other: {'city': 'tianjing', 'job': 'science'}
```

5. 综合应用

函数的参数类别比较复杂，需要灵活应用 5 种不同的参数形式，实现复杂的函数功能。

例 11-13：自定义一个函数打印学生的姓名、性别、家庭成员、各科成绩，综合应用多种参数实现。

```
In  [41]:  def fun1(name,male='男',*family,**course_score):
               print(name,'性别：',male,'家庭成员为：',family,'各科成绩分别为：',course_score)

           name='zhangsan'
           family=['father','mother','sister','brother']
           course_score={'python':78,'c':80,'english':90}

           fun1('zhangsan','男',*family,**course_score)

           fun1('lisi')
```

```
zhangsan 性别：  男 家庭成员为：  ('father', 'mother', 'sister', 'brother')  各科成绩分别
为：  {'python': 78, 'c': 80, 'english': 90}
lisi 性别：  男 家庭成员为：  ()  各科成绩分别为：  {}
```

11.4　函数的嵌套

函数的嵌套分为两类：一类是函数的嵌套调用，另一类是函数的嵌套定义。另外还有一类特殊用法：函数调用自身，称之为递归函数。

1. 函数的嵌套调用

函数的嵌套调用即一个函数调用另外一个函数的用法。

例 11-14：函数嵌套调用的实例，比较大小求最大值。

```
In  [1]:  def max2(x, y):
              if x > y:
                  return x
              else:
                  return y

                                                    调用了 3 次 max2()函数
          def max4(a, b, c, d):
              # 第一步：比较a,b得到res1
              res1 = max2(a, b)
              # 第二步：比较res1,c得到res2
              res2 = max2(res1, c)
              # 第三步：比较res2,d得到res3
              res3 = max2(res2, d)
              return res3

          res = max4(11, 32, 23, 84)
          print(res)
```

84

2. 函数的嵌套定义

所谓嵌套定义，指的是在函数内定义函数的方式。需要特别说明，内部定义的函数，只能在函数内部使用，外部使用系统会报错。

例 11-15： 函数的嵌套定义，定义 circle()函数，用 action 参数值来确定执行哪一个嵌套定义的函数。

```
In [7]: def circle(radius, action=0):
            # 导入pi功能
            from math import pi
            # 求圆形的周长：2*pi*radius
            def perimiter(radius):
                return 2*pi*radius
            # 求圆形的面积：pi*(radius**2)
            def area(radius):
                return pi*(radius**2)

            if action == 0:
                return perimiter(radius)
            elif action == 1:
                return area(radius)
            else:
                print("没有该功能！！！")
        print(circle(2, action=0))
        print(circle(2, action=1))
        print(circle(2, action=2))
```

> 在 circle()函数中又定义了两个函数：perimiter 和 area。

```
12.566370614359172
12.566370614359172
没有该功能！！！
None
```

例 11-16： 嵌套定义内部函数，返回内部函数名的实例。定义一个方程：f = a*x+b，其中 a 和 x 都需要不断的改变。

```
In [11]: def f2(a, b):
             def f1(x):
                 return a*x+b
             return f1            #返回值是函数对象
         print(f2(3, 4)(5))
         f1(5)                    #函数内部定义的函数外部调用报错。
```

```
19
---------------------------------------------------------------------------
NameError                                 Traceback (most recent call last)
<ipython-input-11-6b3f045ec075> in <module>
      5
      6 print(f2(3, 4)(5))
----> 7 f1(5)

NameError: name 'f1' is not defined
```

3. 函数的递归

函数的递归调用是嵌套调用的特殊例子，指的是函数嵌套调用自身的用法。递归函数的优点是定义简单，逻辑清晰。理论上，所有的递归函数都可以写成循环的方式，但循环的逻辑不如递归清晰。

1）递归函数特性

① 必须有一个明确的结束条件。

② 每次进入更深一层递归时，问题规模相比上次递归都应有所减少。

③ 相邻两次重复之间有紧密的联系，前一次要为后一次做准备（通常前一次的输出就作为后一次的输入）。

④ 递归效率不高，递归层次过多会导致栈溢出。［在计算机中，函数调用是通过栈（stack）这种数据结构实现的，每当进入一个函数调用，栈就会加一层栈帧，每当函数返回，栈就会减一层栈帧。由于栈的大小不是无限的，所以，递归调用的次数过多，会导致栈溢出。］

2）递归函数举例

例 11-17：计算 1+2+…+100 的和，用循环和递归函数两种方法实现。

```
In [12]:  def sum_cycle(n):          #定义一般函数用循环结构实现求和
              s=0
              for i in range(1,n+1):
                  s+=i
              return s

          def sum_rec(n):             #定义递归函数用递归结构实现求和
              if n>0:
                  return n+sum_rec(n-1)
              else:
                  return 0

          print(sum_cycle(100))       #调用函数
          print(sum_rec(100))
```

```
5050
5050
```

例 11-18：递归求 $n!$。

$$n! = \begin{cases} 1 & n = 0 \\ n(n-1)! & \text{otherwise} \end{cases}$$

```
In [14]:  def fac(n):
              if n==0:
                  return 1
              else:
                  return n*fac(n-1)

          fac(5)
```

```
Out[14]:  120
```

$n!$ 的递归函数，递归解释如下所示。

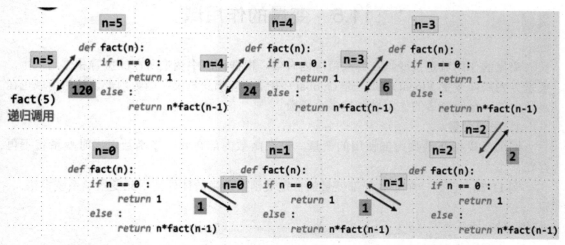

例 11-19：汉罗塔的递归实现。有 A、B、C 三根柱子，将 A 柱上 N 个从小到大叠放的盘子移动到 C 柱，一次只能移动一个，不重复移动，小盘子必须在大盘子上面。

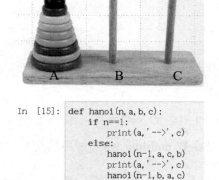

```
In [15]: def hanoi(n, a, b, c):
             if n==1:
                 print(a, '-->', c)
             else:
                 hanoi(n-1, a, c, b)
                 print(a, '-->', c)
                 hanoi(n-1, b, a, c)
         hanoi(3, 'A', 'B', 'C')

A --> C
A --> B
C --> B
A --> C
B --> A
B --> C
A --> C
```

递归应用于非常多的场合，如有名的谢尔宾斯基三角形。

 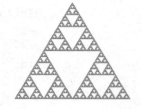

11.5　变量的作用域

变量的作用域是指变量在哪些范围内有效。根据程序中变量所在的位置和作用范围，变量分为局部变量（local）和全局（global）变量。局部变量仅在函数内部，且作用域也在函数内部，全局变量的作用域跨越多个函数。

1. 局部变量

局部变量指在函数内部使用的变量，仅在函数内部有效，当函数退出时变量将不再存在。

例 11-20：创建一个带有局部变量的自定义函数，函数体外使用此变量，系统报错。

```
In  [1]:  def multi(x, y=20):
              z=x*y            #z是局部变量
              return z

          s=multi(2, 30)
          print(s)
          print(z)            #外部使用局部变量报错

60

------------------------------------------------------------------
NameError                             Traceback (most recent call last)
<ipython-input-1-2b60a9335ad7> in <module>
      5 s=multi(2, 30)
      6 print(s)
----> 7 print(z)

NameError: name 'z' is not defined
```

在例 11-20 中，变量 z 是函数 multiple()内部使用的变量，当函数被调用后，变量 z 将不存在。

2. 全局变量

全局变量指在函数之外定义的变量，在程序执行全过程有效。全部变量在函数内部使用时，需要提前使用保留字 global 声明，语法形式如下：

```
global <全局变量>
```

例 11-21：使用 global 声明的全局变量实例。

```
In  [13]:  n=5
           def f1():
               global n      #声明为全局变量
               n=1
           f1()
           print(n)

1
```

例 11-22：局部变量和全局变量同名实例。

```
In  [21]: n=5              #这个n是全局变量
          def f1 ():
              n=1          #这个n是局部变量
              print(n)
          f1()
          print(n)

          1
          5
```

当局部变量与全局变量同名的时候，函数内部局部变量有效。

3. nonlocal 变量

nonlocal 声明的变量不是局部变量，也不是全局变量，而是外部嵌套函数内的变量。使用语法格式为：`nonlocal <变量>`

例 11-23：nonlocal 变量举例。

```
In  [22]: n=5              #global变量
          def f1():
              n=3          #nonlocal变量
              def f2():
                  nonlocal n
                  n=0
              f2()
              print(n)
          f1()
          print(n)

          0
          5
```

需要特别声明：一个变量不能既是 global 变量，又是 nonlocal 变量；它只能是 global、nonlocal 和 local 变量之一，否则系统会报错。

4. LEGB 原则

LEGB 含义解释如下：

L——Local（function）：函数内的名字空间；

E——Enclosing function locals：外部嵌套函数的名字空间；

G——Global（module）：函数定义所在模块（文件）的名字空间；

B——Builtin（Python）：Python 内置模块的名字空间。

Python 的命名空间是一个字典，字典内保存了变量名称与对象之间的映射关系，因此，查找变量名就是在命名空间字典中查找键–值对，即 {name : object}。

Python 有多个命名空间，因此，需要有规则来规定，按照怎样的顺序来查找命名空间，LEGB 就是用来规定命名空间查找顺序的规则。

```
local-->enclosing function locals-->global-->builtin
```

例 11-24：LEGB 规则查找变量的值。

```
In  [29]:  n=5            n=5
           def f1():      def f1():
           #      n=3          n=3
               def f2():      def f2():
                   print(n)       print(n)
               f2()           f2()
               print(n)       print(n)
           f1()           f1()
           print(n)       print(n)

           5              3
           5              3
           5              5
```

11.6 lambda 函数

1. lambda 函数基本含义

lambda 函数，即 Lambda 表达式（lambda expression），是一个匿名函数（不存在函数名的函数），Lambda 表达式基于数学中的 λ 演算得名，直接对应于其中的 lambda 抽象（lambda abstraction）。

有些函数如果只是临时一用，而且它的业务逻辑也很简单（如做个简单加法、取绝对值、简单过滤等）时，就没必要非给它取个名字。在做大的 Python 项目开发中，过多的函数名会影响代码的可读性。

例 11-25：创建一个简单的两数相加的匿名函数，并应用它运算。

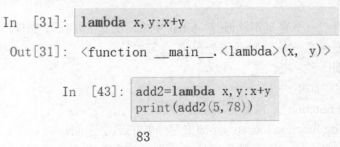

```
In  [31]:  lambda x,y:x+y

Out[31]:  <function __main__.<lambda>(x, y)>


In  [43]:  add2=lambda x,y:x+y
           print(add2(5,78))

           83
```

lambda 格式：冒号前是参数，可以有多个，用逗号隔开，冒号右边的为表达式。lambda 返回值是一个函数的地址，也就是函数对象。

要点：① lambda 函数不能包含命令；② 包含的表达式不能超过一个。

2. lambda 函数的应用

1）sorted()函数排序

例 11-26：一个整数列表，要求按照元素的绝对值大小排序输出。

```
In [35]: import random
         ls=[random.randint(-100,100) for i in range(20)]
         print(ls)
         ls_new=sorted(ls,key=lambda x:abs(x))
         print(ls_new)
```

```
[36, 66, 100, -13, -15, -20, 97, -86, 53, -66, -99, -18, -66, -29, 21, -44, -17, 15, -89, -62]
[-13, -15, 15, -17, -18, -20, 21, -29, 36, -44, 53, -62, 66, -66, -66, -86, -89, 97, -99, 100]
```

lambda 允许快速定义单行最小函数，可以在任何需要函数的地方定义。

2）filter、map、reduce 函数

例 11-27：利用 lambda 函数，求：1～20 的二次方；1～20 的偶数；$n!$。

```
In [2]: print(list(map(lambda x:x**2,range(1,21))))     #求1~20的二次方
        print(list(filter(lambda x:x%2==0,range(1,21)))) #求1~20的偶数
        from functools import reduce
        n=int(input("请输入一个数字:"))
        print(reduce(lambda x,y:x*y,range(1,n+1)))       #求n!
```

```
[1, 4, 9, 16, 25, 36, 49, 64, 81, 100, 121, 144, 169, 196, 225, 256, 289, 324, 361, 400]
[2, 4, 6, 8, 10, 12, 14, 16, 18, 20]
请输入一个数字:6
720
```

11.7　模　块　和　包

1. 模块

1）模块的定义

在计算机程序的开发过程中，随着程序代码越写越多，在一个文件里代码就会越来越长，越来越不容易维护。为了编写可维护的代码，就把很多函数分组，分别放到不同的文件里，这样，每个文件包含的代码就相对较少，很多编程语言都采用这种组织代码的方式。在 Python 中，一个 py 文件就称为一个模块（module）。

模块就好比是工具包，要想使用这个工具包中的工具，就需要导入（import）这个模块。在模块中定义的全局变量、函数都是模块能够提供给外界直接使用的工具。

2）模块的用途

使用模块最大的好处是大大提高了代码的可维护性。其次，编写代码不必从零开始。当一个模块编写完毕，就可以被其他地方引用。在编写程序的时候，也经常引用其他模块，包括 Python 内置的模块和来自第三方的模块。使用模块还可以避免函数名和变量名冲突。相同名字的函数和变量完全可以分别存在不同的模块中，因此，在编写模块时，不必考虑名字会与其他模块冲突。但是也要注意，尽量不要与内置函数名字冲突。

在创建模块时同样要注意命名，不能和 Python 自带的模块名称冲突。例如，系统自带了 sys 模块，再创建模块就不可命名为 sys.py，否则将无法导入系统自带的 sys 模块。

2. 包

如果不同的人编写的模块名相同怎么办？为了避免模块名冲突，Python 又引入了按目录来组织模块的方法，称为包（package）。

需要注意，每一个包目录下面都会有一个__init__.py 文件，这个文件是必须存在的，

否则，Python 就把这个目录当成普通目录，而不是一个包。__init__.py 可以是空文件，也可以有 Python 代码，因为__init__.py 本身就是一个模块。

不管是哪种方式，只要是第一次导入包或者是包的任何其他部分，都会依次执行包下的__init__.py 文件（可以在每个包的文件内都打印一行内容来验证一下），这个文件可以为空，也可以存放一些初始化包的代码。

3. 包和模块的引入

如果把包和模块理解为工具箱，在编写程序时，需要使用这些工具箱里的工具，就需要用 Python 提供的装入命令完成包和模块的引入。

1）直接引入

格式为：import 包名.模块名或者 import 模块名

后面使用模块中的函数或者变量时，格式为：模块名.函数名。

例 11-28：引入 math 库，计算 sin（π/2）。

```
In  [13]:  import math
           print(math.pi)
           print(math.sin(math.pi/2))

           3.141592653589793
           1.0
```

2）替代式引用

格式为：import 模块名 as 别名

例 11-29：引入 math 库，计算 sin（π/2）。

```
In  [14]:  import math as m
           print(m.pi)
           print(m.sin(m.pi/2))

           3.141592653589793
           1.0
```

3）省略式引用

格式为：from 包或模块 import *

如果是*，表示当运行程序时，装入包或模块中所有的内容；如果指定具体的函数名，则只是装入指定的函数块。

还可以写成：from 模块 import 函数 as 别名

使用时，就可以直接使用变量或者函数名。

例 11-30：装入 math 库，使用其中的变量或函数执行运算。

```
In  [11]:  from math import pi,sin
           print(sin(pi),sin(pi/2),sin(pi/3),sin(pi/6))

           1.2246467991473532e-16 1.0 0.8660254037844386 0.49999999999999994
```

建议：3 种引入方式都可以，但建议使用第二种方式。原因是第三种方式容易出现当引入不同模块时，函数或变量名相同。

11.8　Python 生态

1. Python 生态系统的介绍

Python 计算生态 = 标准库 + 第三方库

① 标准库：随解释器直接安装到操作系统中的功能模块。可以通过以下方式查看标准库有哪些：help('modules')。

② 第三方库：需要经过安装才能使用的功能模块。可以通过以下命令安装第三方库：

pip install　第三方库名

通常把库（library）、包（package）、模块（module），统称为模块。可以在 The Python Package Index (PyPI) 软件库（官网主页：https://pypi.org/）查询、下载和发布 Python 包或库。

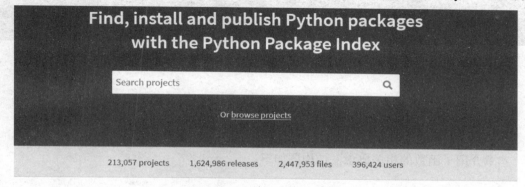

The Python Package Index (PyPI) is a repository of software for the Python programming language.

PyPI helps you find and install software developed and shared by the Python community. Learn about installing packages ☑.

Package authors use PyPI to distribute their software. Learn how to package your Python code for PyPI ☑.

2. pip 工具常用命令

pip 是 Python 包管理工具，该工具提供了对 Python 包的查找、下载、安装、卸载的功能。格式如下：

pip <command> [options]

pip 命令示例	说明
pip download SomePackage[==version]	下载扩展库的指定版本，不安装
pip freeze [> requirements.txt]	以 requirements 的格式列出已安装模块
pip list	列出当前已安装的所有模块
pip install SomePackage[==version]	在线安装 SomePackage 模块的指定版本
pip install SomePackage.whl	通过 whl 文件离线安装扩展库
pip install package1 package2 ...	依次（在线）安装 package1、package2 等扩展模块

续表

pip 命令示例	说明
pip install -r requirements.txt	安装 requirements.txt 文件中指定的扩展库
pip install--upgrade SomePackage	升级 SomePackage 模块
pip uninstall SomePackage[==version]	卸载 SomePackage 模块的指定版本

在线安装第三方库可以通过国内服务器加快下载速度。

例 11-31：pip 清华大学开源软件镜像站。

pip install -i https://pypi.tuna.tsinghua.edu.cn/simple some-package

例如，安装 Django：

pip install -i https://pypi.tuna.tsinghua.edu.cn/simple Django

```
C:\Users\Administrator>pip install -i https://pypi.tuna.tsinghua.edu.cn/simple Django
Looking in indexes: https://pypi.tuna.tsinghua.edu.cn/simple
Requirement already satisfied: Django in c:\users\administrator\appdata\local\programs\
(2.2.5)
```

注：安装第三方库需要到系统命令窗口进行。

11.9 小 结

本章介绍了函数的相关概念，结构图如下。

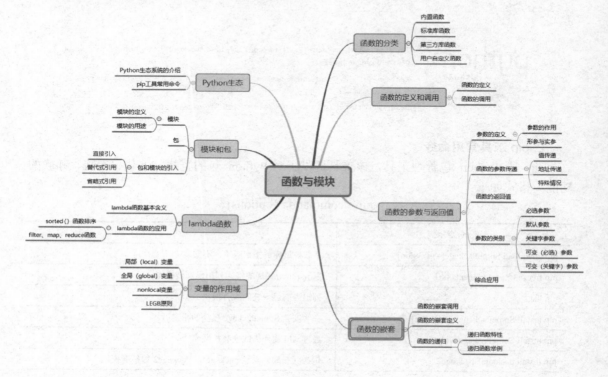

第 12 章　面向对象编程

面向对象的编程（object oriented programming，OOP），是一种编程的思想。OOP 把对象当成一个程序的基本单元，一个对象包含了数据和操作数据的函数。面向对象的出现极大地提高了编程的效率，使其编程的重用性增高。

函数式编程和面向对象编程的区别如下。

相同点：都是把程序进行封装，方便重复利用，提高效率。

不同点：函数重点是用于整体调用，一般用于一段不可更改的程序，仅仅是解决代码重用性的问题。而面向对象除了代码重用性，还包括继承、多态等。在使用上更加灵活。

在 Python 中面向对象的程序设计可以使程序的维护和扩展变得更简单，并且可以大大提高程序开发效率，另外，基于面向对象的程序可以使他人更加容易理解程序员所编的代码逻辑，从而使团队开发变得更从容。

本章将以多个实例全面讲授面向对象程序设计。

12.1　类的定义与使用

1. 类的定义

类（class）：用来描述具有相同的属性和方法的对象的集合。它定义了该集合中每个对象所共有的属性和方法，对象是类的实例。

面向对象编程是一种编程方式，此编程方式的落地需要使用 "类"和"对象"来实现，所以，面向对象编程其实就是对"类"和"对象"的使用。

类就是一个模板，模板里可以包含多个函数，函数里实现一些功能。

对象则是根据模板创建的实例，通过实例对象可以执行类中的函数。类名的首字母一般要大写，当然也可以按照自己的习惯定义类名。

Python 中一切皆为对象，类型的本质就是类，所以，实际上已经使用很长时间的类了。

例 12-1：数据类型的本质。

```
In  [5]: print(int, float, str, list, dict)
         <class 'int'> <class 'float'> <class 'str'> <class 'list'> <class 'dict'>
```

类的定义格式：　　class　类名（基类）：
　　　　　　　　　　　　类属性
　　　　　　　　　　　　类方法

基类也称为父类，任何类在定义时都有（一到多个）基类，当没有明确的父类时，可以省略，默认的父类为所有类的基类 object 类。

例 12-2：定义一个人的类，包含角色属性和走路的方法。

```
In  [6]: class Person:     #定义一个人类
             role = 'person'  #人的角色属性都是人
             def walk(self):  #人有一个走路方法，也可以叫动态属性
                 print("person is walking...")
```

2. 类的两种作用

1）类属性引用

可以通过类名，访问类中的属性，格式为：类名.属性。

例 12-3：对人类的属性访问。

```
In  [9]: class Person:     #定义一个人类
             role = 'person'   #人的角色属性都是人
             def walk(self):  #人有一个走路方法，也可以叫动态属性
                 print("person is walking...")
         print(Person.role)  #查看人的role属性
         print(Person.walk)  #引用人的走路方法，注意，这里不是在调用

         person
         <function Person.walk at 0x0000011E66CD0430>
```

2）实例化

类名加括号就是实例化，会自动触发 __init__()方法的运行，可以用它来为每个实例定制自己的特征。实例化的过程就是类—对象的过程，语法格式为：

　　　　　　　　　　　　对象名 = 类名（参数）

通过对象.属性、对象.方法进行实例对象成员的访问。

例 12-4：通过人类实例化对象访问自身属性和方法。

```
In  [11]: class Person:
              role = 'person'
              def __init__(self, name): #初始化类方法
                  self.name = name
              def walk(self):
                  print("person is walking...")
          p1=Person('zhangsan')          #实例化Person类
          print(p1.name)                 #访问对象p1的name属性和walk（）方法
          p1.walk()

          zhangsan
          person is walking...
```

3. __init__()方法

这是类的一个特殊方法，叫作类的构造方法。从类创建对象开始，会自动执行此构造方法，初始化对象的属性。

__init__()方法的第一个参数是 self，代表创建的实例自身。一般来说，所有类内部定义的方法都需要把 self 作为它自身的第一个参数。主要用于类内部函数之间和属性与函数之间的身份认同。这也是一般函数与类内部定义的函数的区别，也即类内部的函数称为方法。

4. 对象

对象是关于类的实际存在的一个例子，即实例。如果说类是抽象的概念，对象则是具体的事物。对象/实例只有一种作用——属性引用。

例 12-5：人狼大战游戏，定义人类、狼类，人类除了可以走路之外，还应该具备一些攻击技能。

```
In  [16]:  class Person:  # 定义一个人类
              role = 'person'  # 人的角色属性都是人
              def __init__(self, name, aggressivity, life_value):
                  self.name = name  # 每一个角色都有自己的昵称;
                  self.aggressivity = aggressivity  # 每一个角色都有自己的攻击力;
                  self.life_value = life_value  # 每一个角色都有自己的生命值;
              def walk(self):
                  print("person is walking...")
              def attack(self,wolf):
                  # 人可以攻击狼，这里的狼也是一个对象。
                  # 人攻击狼，那么狼的生命值就会根据人的攻击力而下降
                  wolf.life_value -= self.aggressivit
          p1=Person('jack', 100, 10000)
          print(p1.role, p1.name)
          print(p1.aggressivity)
          print(p1.life_value)
          p1.walk()

          person jack
          100
          10000
          person is walking...
```

可以用内置函数 isinstance（对象，类）判断该对象是否是该类的实例对象。

例 12-6：判断对象与类的关系。

```
In  [5]:  isinstance(p1,Person)
Out[5]:  True
```

12.2　属性和方法

1. 属性

1）成员属性与实例属性

成员属性一般指定义在类中__init__()方法内的变量，一经实例化对象，就变成了实例属性，实例属性还可以通过"实例.属性名=值"的方式增加新的实例属性。

例 12-7：定义一个 Person 类，包含 4 个成员属性，实例化后给其中一个实例增加新属性。

```
In [8]: class Person():
            def __init__(self, name, age, gender, addr):
                self.name=name          #定义了4个成员属性
                self.age=age
                self.gender=gender
                self.addr=addr
        p1=Person('张三',18,'男','中国')  #实例化对象
        p2=Person('李四',19,'女','中国')
        p1.weight=60                      #p1新增加一个属性
        print(p1.name,p1.age,p1.weight)        #实例化属性
        print(p2.name,p1.addr)
        print(p2.weight)                  #p2对象没有weight属性报错

        张三 18 60
        李四 中国
```

```
AttributeError                            Traceback (most recent call last)
<ipython-input-8-6a9b5dadab4c> in <module>
    10 print(p1.name,p1.age,p1.weight)        #实例化属性
    11 print(p2.name,p1.addr)
---> 12 print(p2.weight)

AttributeError: 'Person' object has no attribute 'weight'
```

2）类属性

类属性是定义声明在类中的一种属性，不同于成员属性。类属性是所有实例化对象共同的属性，并且可以直接使用类调用使用；但是类不能访问实例属性。

例 12-8：定义一个 Person 类，含有一个类属性 num，4 个成员属性，验证通过对象访问类属性，但是反之，通过类不能访问对象的实例属性。

```
In [11]: class Person():
             num=10        #类属性
             def __init__(self, name, age, gender, addr):
                 self.name=name          #定义了4个成员属性
                 self.age=age
                 self.gender=gender
                 self.addr=addr
         p1=Person('张三',18,'男','中国')  #实例化对象
         p2=Person('李四',19,'女','中国')
         print(p1.num,p2.num)             #对象访问类属性
         p1.num=20                        #对象p1增加了一个num属性
         print(p1.num,p2.num)
         print(Person.num)               #类访问类属性
         print(Person.name)              #类访问实例属性报错

         10 10
         20 10
         10
```

```
AttributeError                            Traceback (most recent call last)
<ipython-input-11-55f653d1e45b> in <module>
    12 print(p1.num,p2.num)
    13 print(Person.num)                #类访问类属性
---> 14 print(Person.name)

AttributeError: type object 'Person' has no attribute 'name'
```

3）对比总结

成员属性是在类声明定义好的属性，通过 self 进行封装在类中，经过实例化对象后，成为对象特有的属性。

实例属性是没有经过类的声明定义，直接在对象中去声明，引用的变量，是当前对象不同于其他对象（通过相同类实例化的对象）的属性。它独立于类之外，只属于当前对象。

类属性是在类中声明定义的变量，但是不同于成员属性，类属性是没有经过 self 封装而直接定义的。所以类属性只属于当前类，实例化的对象只能调用而不能修改。类属性只能通过类本身修改。

2. 方法

1）实例方法

通常由对象调用，必须传入实例对象，在执行实例方法时，自动将调用该方法的实例对象本身传给该方法的 self 参数。

2）类方法

通常由类调用，必须传入类对象本身，在执行类方法时，自动将调用该方法的类对象赋值给 cls 参数。

3）静态方法

类和实例对象均可调用，不传实例对象和类对象，无默认参数。

例 12-9：3 种方法的形式化比较。

```
In [23]:  class Test():
              def f1(self):
                  print('实例方法f1',self)
              @classmethod
              def f2(cls):
                  print('类方法f2',cls)
              @staticmethod
              def f3(a):
                  print('静态方法f3',a)
          t1=Test()
          t1.f1()
          t1.f2()
          t1.f3(5)

          Test.f1(t1)      #类调用实例方法，必须给它传递一个实例对象。
          Test.f2()
          Test.f3(5)
```

```
实例方法f1 <__main__.Test object at 0x000001D2E7921D00>
类方法f2 <class '__main__.Test'>
静态方法f3 5
实例方法f1 <__main__.Test object at 0x000001D2E7921D00>
类方法f2 <class '__main__.Test'>
静态方法f3 5
```

相同点：对于所有的方法而言，均属于类（非对象）中，所以，在内存中也只保存一份。

不同点：方法调用者不同，在调用方法时自动传入的参数不同。

类方法和静态方法的作用如下。

类方法：主要使用类方法来管理类属性，无论是私有属性还是普通类属性，在很多类中，可能不需要实例化，仅仅是为了封装，这时候就可以通过类方法来管理类属性。

静态方法：当有许多杂乱且无联系的函数时，需要将函数封装在类中，而无法修改函数的代码即参数，仅仅是为了将这些函数通过类的方式封装起来，方便进行管理。

4）属性方法

属性方法即一种用起来像是使用的实例属性一样的特殊属性，可以对应于某个方法。

定义时，在实例方法上加上@property 装饰器，同时有且仅有一个 self 参数；调用时，与调用类属性一样，无括号。

例 12-10： 属性方法的定义与使用。

```
In [25]:  class F():
              def f1(self):
                  print('实例方法f1')
              @property          #定义一个属性方法
              def f2(self):
                  print('属性方法f2')
          f=F()
          f.f1()
          f.f2                      #调用时相当于实例属性，无需（）

实例方法f1
属性方法f2
```

3. 属性或方法的访问限制

在 Python 中定义的普通变量，可以被外部访问。但是有时候，定义的变量不希望被外部访问。Python 对属性权限的控制是通过属性名来实现的。如果一个属性由双下划线（__）开头，该属性就无法被外部访问，也称为私有属性（方法）。如果外部需要访问这种变量，可以通过实例方法来访问；或者通过 a._A__y 的方式，也可以操作__y 属性。如果一个属性由单下划线（_）开头，该属性就是受保护属性（方法）。

例 12-11： 属性的不同访问限制，以及访问方式。

```
In [32]:  class Person():
              num=10          #类属性
              __role='person'     #私有类属性
              _pcls='animal'      #受保护类属性
              def __init__(self, name, age, gender):
                  self.name=name          #公有属性
                  self._age=age           #受保护属性
                  self.__gender=gender    #私有属性
              def get_role(self):
                  print(self.__role)
          p1=Person('张三', 18, '男')
          print(p1.num, p1._pcls, p1._Person__role)     a._A__y方式操作__y属性
          print(p1.name, p1._age, p1._Person__gender)
          p1.get_role()   #通过方法访问私有属性
          p1.__gender
          p1.__role     #对象访问私有属性报错

10 animal person
张三 18 男
person
```

```
AttributeError                              Traceback (most recent call last)
<ipython-input-32-c8ddc2eb6286> in <module>
     13 print(p1.name, p1._age, p1._Person__gender)
     14 p1.get_role()
---> 15 p1.__gender
     16 p1.__role     #对象访问私有对象

AttributeError: 'Person' object has no attribute '__gender'
```

例 12-12：方法的不同访问限制，以及访问方式。

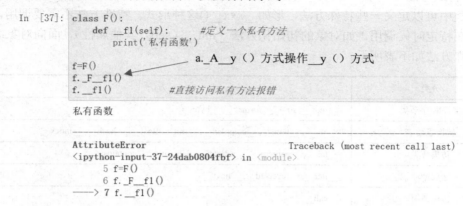

```
In [37]: class F():
             def __f1(self):        #定义一个私有方法
                 print('私有函数')

         f=F()
         f._F__f1()         a._A__y（）方式操作__y（）方式
         f.__f1()            #直接访问私有方法报错

私有函数
```

```
AttributeError                        Traceback (most recent call last)
<ipython-input-37-24dab0804fbf> in <module>
      5 f=F()
      6 f._F__f1()
----> 7 f.__f1()

AttributeError: 'F' object has no attribute '__f1'
```

在 Python 中，以下划线开头的变量名和方法名有特殊的含义，尤其是在类的定义中。

① _xxx：受保护成员；

② __xxx__：系统定义的特殊成员；

③ __xxx：私有成员，只有类对象自己能访问，子类对象不能直接访问到这个成员，但在对象外部可以通过"对象名._类名__xxx"这样的特殊方式来访问。从这个角度看，Python 中不存在严格意义上的私有成员。

4. 特殊属性

类 C 的特殊属性：

- C.__name__ 类 C 的名字；
- C.__doc__ 类 C 文档字符串；
- C.__bases__ 类 C 所有父类的元组；
- C.__dict__ 类 C 的属性；
- C.__module__ 类 C 所在模块；
- C.__class__ 实例 C 对应的类。

例 12-13：类的特殊属性举例。

```
In [29]: class Person():
             """这是一个人的类"""
             def __init__(self,name):
                 self.name=name
         p1=Person('张三')
         print(Person.__name__)
         print(Person.__doc__,p1.__doc__)
         print(Person.__bases__)
         print(p1.__dict__)
         print(p1.__class__)

Person
这是一个人的类 这是一个人的类
(<class 'object'>,)
{'name': '张三'}
<class '__main__.Person'>
```

5. 特殊方法

在类中可以定义一些特殊方法，形如__xxx__()这种形式。特殊方法不需要调用，特殊方法会在特定时候调用。如对象的初始化方法__init__（self，其他属性），面向对象编程常用的特殊方法如下表所示。

分类	方法
字符串/字节类	__repr__, str__, __format__, __bytes__
转换成数字	__abs__, __bool__, __complex__, __init__, float__, __hash__, __index__
仿集合类	__len__, __getitem__, __setitem__, delitem__, __contains__
迭代循环	__iter__, __reversed__, __next__
仿可调用	__call__
上下文管理	__enter__, exit__
实例创建与销毁	__new__, __init__, __del__
属性管理	__getattr__, __getattribute__, __setattr__, __delattr__, __dir__
属性描述	__get__, __set__, __delete__
类服务	__prepare__, __instancecheck__, __subclasscheck__
运算符类	
一元运算符	__neg__ -, __pos__ +, __abs__ abs()
比较运算符	__lt__ >, __le__ <=, __eq__ ==, __ne__ !=, __gt__ >, __ge__ >=
算术运算符	__add__ +, __sub__ -, __mul__ *, __truediv__ /, __floordiv__ //, __mod__ %, __divmod__ divmod(), __pow__ **or pow(), __round__ round()

例 12-14： __str__()方法和__init__()方法的实例。

```
In [10]:  class Person():
              def __init__(self, name):
                  self.name=name
              def __str__(self):
                  return "本人的名字是："+self.name

          p1=Person('张三')    #自动调用__init__()
          print(p1.__str__())
          print(p1)           #自动调用__str__()
```

本人的名字是：张三
本人的名字是：张三

例 12-15： 构造序列类，自定义一个序列类，能求这个序列对象的长度，能索引获取序列对象的元素。

```
In  [35]:  class MySeq():
               def __init__(self):
                   self.lseq=['I','II','III','IV']
               def __len__(self):      #用于len（对象）
                   return len(self.lseq)
               def __getitem__(self,key): #用于对象[i]
                   if 0<=key<4:
                       return self.lseq[key]
           m=MySeq()
           print(len(m))
           for i in range(len(m)):
               print(m[i])
```

```
4
I
II
III
IV
```

12.3　面向对象的组合应用

　　面向对象编程的软件重用的重要方式有两种方法，一种是类的继承，类继承 12.4 节讲授；另外一种是组合。在一个类中以另外一个类的对象作为数据属性，称为类的组合。

　　例 12-16：定义一个狼类、人类、武器类，武器类对象作为人的工具，狼类对象作为武器类攻击对象，并导致狼的生命值减少 500，源码如下。

```python
class Wolf:  # 定义一个狼类
    role = 'wolf'  # 狼的角色属性都是狼
    def __init__(self, name, breed, aggressivity, life_value):
        self.name = name  # 每一只狼都有自己的昵称
        self.breed = breed  # 每一只狼都有自己的品种
        self.aggressivity = aggressivity  # 每一只狼都有自己的攻击力
        self.life_value = life_value  # 每一只狼都有自己的生命值
    def bite(self,people):
        # 狼可以咬人，这里的狼也是一个对象
        # 狼咬人，那么人的生命值就会根据狼的攻击力而下降
        people.life_value -= self.aggressivit

class Weapon:  #武器类
    def prick(self, obj):  # 这是该装备的主动技能,扎死对方
        obj.life_value -= 500  # 假设攻击力是 500
class Person:  # 定义一个人类
    role = 'person'  # 人的角色属性都是人
```

```
        def __init__(self, name):
            self.name = name    # 每一个角色都有自己的昵称
            self.weapon = Weapon()    # 给角色绑定一个武器
    p1 = Person('张三')
    w1=Wolf('w1','x',300,10000)
    p1.weapon.prick(w1)
    print(w1.life_value)
```

例 12-17：定义生日、课程、教师类，实例化教师，教师类包含生日和课程类，源码如下。

```
#定义一个生日类
class BirthDate:
    def __init__(self,year,month,day):
        self.year=year
        self.month=month
        self.day=day
#定义一个课程类
class Couse:
    def __init__(self,name,price,period):
        self.name=name
        self.price=price
        self.period=period
#定义一个教师类
class Teacher:
    def __init__(self,name,gender,birth,course):
        self.name=name
        self.gender=gender
        self.birth=birth
        self.course=course
    def teach(self):
        print('teaching')
    #对教师类实例化
p1=Teacher('王老师','male',
        BirthDate('1995','1','27'),
        Couse('python','28000','4 months')
        )
#输出教师对象的信息
print(p1.birth.year,p1.birth.month,p1.birth.day)
print(p1.course.name,p1.course.price,p1.course.period)
```

12.4　面向对象的三大特性

面向对象的三大特性是指：封装、继承和多态，下面详细讲解。

1. 封装

（1）封装是指隐藏对象的属性和实现细节，仅对外提供公共访问方式。即将类的属性和方法对外隐藏，对内可见。也可以理解为将内容封装到某个地方，以后再去调用被封装在某处的内容。

所以，在使用面向对象的封装特性时，需要：

① 将内容封装到某处，一般是封装到类中；

② 从某处调用被封装的内容，有

- 通过对象直接调用被封装的内容：对象.属性名；
- 通过 self 间接调用被封装的内容：self.属性名；
- 通过 self 间接调用被封装的内容：self.方法名()。

（2）构造方法__init__与其他普通方法不同的地方在于，当一个对象被创建后，会立即调用构造方法，自动执行构造方法里面的内容。

（3）对于面向对象的封装来说，其实就是使用构造方法将内容封装到"对象"中，然后通过对象直接或者 self 间接获取被封装的内容。

例 12-18：创建一个 People 类，拥有的属性为姓名、性别和年龄，拥有的方法为购物、玩游戏、学习；实例化对象，执行相应的方法。

```
In [1]: class People:
            def __init__(self, name, age, gender):
                self.name = name
                self.age = age
                self.gender = gender
            def shopping(self):
                print(f'{self.name}, {self.age}岁, {self.gender}, 去北京万达购物广场购物')
            def playing(self):
                print(f'{self.name}, {self.age}岁, {self.gender}, 在家玩游戏')
            def study(self):
                print(f'{self.name}, {self.age}岁, {self.gender}, 在大学生在线课堂学习')

xiaoming = People('小明', 18, '男').shopping()
xiaoyu = People('小玉', 22, '男').shopping()
xiaohong = People('小红', 18, '女').study()
```

```
小明, 18岁, 男, 去北京万达购物广场购物
小玉, 22岁, 男, 去北京万达购物广场购物
小红, 18岁, 女, 在大学生在线课堂学习
```

（4）还可以设置属性方法的访问限制权限，在类属性方法、对象属性方法、静态方法名字前添加__，只要是通过__名字（双下划线）这种命名规范，就是对外隐藏，也即私有属性或方法。

（5）Python 私有化以__方法名进行私有化，方法的私有化可以保护好一些核心的代码，

可以添加条件，进行代码的保护。

例 12-19：创建一个 Dog 类，定义一个私有方法设置 dog 的年龄，定义一个公有方法，当输入年龄满足要求的时候调用私有方法。

```
In [10]: class Dog:
             def __set_age(self,age):    #封装的私有方法
                 self.age=age
                 print("信息发送成功")
             def get_dog(self,new_age):
                 if new_age>=1:
                     self.__set_age(new_age)    #公有方法间接访问私有方法
                 else:
                     print('数据错误！')
         dog=Dog()
         dog.get_dog(10)
         print(dog.__dict__)
         dog.get_dog(-5)
```

信息发送成功
{'age': 10}
数据错误！

2. 继承

面向对象中的继承就是继承的类直接拥有被继承类的属性而不需要在自己的类体中重新再写一遍，其中被继承的类叫作父类、基类，继承的类叫作派生类、子类。在 Python 3 中如果不指定继承哪个类，默认就会继承 Object 类。

继承描述的是事物之间的所属关系，当定义一个 class 的时候，可以从某个现有的 class 继承，新的 class 称为子类、扩展类（Subclass），而被继承的 class 称为基类、父类或超类（Baseclass、Superclass）。

1）单继承和多继承

所谓单继承，是指类的父类只有一个，多继承即父类有多个。继承实现了代码的重用，子类可以继承父类，并且可以继承多个父类（多继承），子类可以使用父类所拥有的属性和方法（除私有属性和方法）。需要注意的是，当程序运行时，先搜寻子类的属性和方法，再搜寻父类的属性和方法。

例 12-20：单继承的一个实例。

```
In [8]: class Animal(object):       #定义父类Animal, 和run（）方法
            def run(self):
                print("Animal is running")
        class Dog(Animal):
            pass
        class Cat(Animal):
            pass
        dog = Dog()
        cat = Cat()
        dog.run()                    #子类继承了父类的run（）方法。
        cat.run()
```

Animal is running
Animal is running

例 12-21：多继承的一个实例。

```
In [14]: class C(object):
             def f1(self):
                 print('运行C类')
         class B(object):
             def f2(self):
                 print('我是B类')
         class A(C,B):          #A类继承了B和C
             pass
         a1=A()
         a1.f1()
         a1.f2()
```

运行C类
我是B类

2）抽象与继承

① 抽象：是抽取类似的，或者比较像的部分。抽象最主要的作用是划分类别（隔离关注点，降低复杂度），在下图中，小马和小王被抽象成人类；人、猪、狗被抽象成动物类。

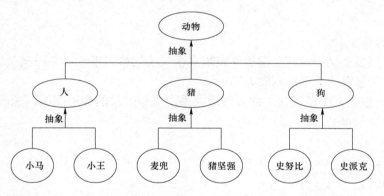

② 继承：是基于抽象的结果，通过编程实现，先经历抽象这个过程，才能通过继承的方式表达抽象结构。在下图中，人、猪、狗都继承了动物父类，成了动物父类的子类，然后将类实例化为具体的人物或形象。

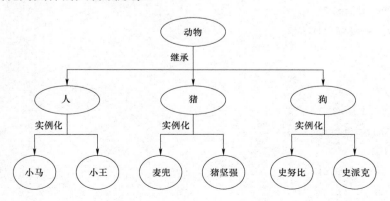

3) 重写与派生

把子类有而父类没有的方法叫作子类的派生方法，而父类有子类也有的方法叫作对父类方法的重写，因为按照类方法的搜索顺序，一个方法如果在子类中有就不会再从父类中找了，结果就是父类中的方法无法调用了，如果既想执行父类中的方法，同时在子类中又能定义新功能，就需要先把父类中的这个方法单独继承过来，可以使用 super().父类方法名（除 self 外的其他参数）的方式，完成父类相同方法的调用。

例 12-22：类中方法的重写和派生新的方法。

```
In [28]: class Animal:
             def __init__(self, name, life_value):
                 self.name = name
                 self.life_value = life_value
         class Person(Animal):
             def __init__(self, money, name, life_value): #重写方法
                 super().__init__(name, life_value)
         #       Animal.__init__(self, name, life_value)
                 self.money = money
             def talk(self, language='汉语'):    #派生方法
                 print(f'人会说{language}')
         p1=Person(10000, '张三', 100)
         print(p1.name, p1.life_value, p1.money)
         p1.talk()
```

张三 100 10000
人会说汉语

4) 继承的顺序

当子类遇到多个父类，甚至父类又继承多个父类的情况下，如果在父类们的方法中有重名，应该遵循怎样的继承准则呢？

例 12-23：创建多个子类父类的多继承关系，观察方法的调用准则，源码如下。

```
class G(object):
    def test(self):
        print('from G')
class E(G):
    def test(self):
        print('from E')
class F(G):
    def test(self):
        print('from F')
class B(E):
    pass
class C(F):
    def test(self):
        print('from C')
class D(G):
    def test(self):
        print('from D')
```

```
class A(B,C,D):
    pass
a=A()
a.test()
print(A.__mro__)    #用类.__mro__属性或者类.mro()方法查看继承顺序。
```
本例的运行结果为:

```
from E
(<class '__main__.A'>, <class '__main__.B'>, <class '__main__.
E'>, <class '__main__.C'>, <class '__main__.F'>, <class '__main_
_.D'>, <class '__main__.G'>, <class 'object'>)
```

本例的类继承顺序为: A—B—E—C—F—D—G, 如下图所示。

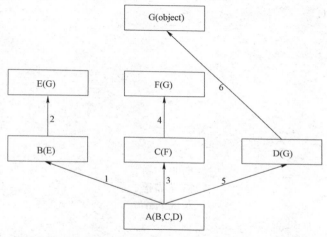

Python 到底是如何实现继承的? 对于定义的每一个类, Python 会计算出一个方法解析顺序 (MRO) 列表, 这个 MRO 列表就是一个简单的所有基类的线性顺序列表, 为了实现继承, Python 会在 MRO 列表上从左到右开始查找基类, 直到找到第一个匹配这个属性的类为止。

而这个 MRO 列表的构造是通过一个 C3 线性化算法来实现的。这里不去深究这个算法的数学原理, 它实际上就是合并所有父类的 MRO 列表并遵循以下准则:

① 子类会先于父类被检查;

② 多个父类会根据它们在列表中的顺序被检查;

③ 如果对下一个类存在两个合法的选择, 选择第一个父类。

3. 多态

多态性是指一类事物有多种形态 (包括相同的事件), 例如, 老师下课()和学生下课(), 老师执行的是下班操作, 学生执行的是放学操作, 两者消息一样, 但是执行的效果不同。动物有多种形态: 人、狗、猪等。多态性是指在不考虑实例类型的情况下使用实例。

例 12-24: 人、猫、狗都是动物类, 猫、狗、人都会发出叫声, 但是人和动物的语言肯定不同, 不考虑他们具体的类型是什么而是直接使用, 源码如下。

```
class Animal(object):
    pass
class People(Animal):
    def talk(self):
        print('人说人话。')
class Dog(Animal):
    def talk(self):
        print('狗叫狗言。')
class Cat(Animal):
    def talk(self):
        print('猫喵猫语。')
def talk(obj):
    obj.talk()
dog=Dog()
cat=Cat()
man=People()
talk(dog)
talk(cat)
talk(man)
```

运行结果为：

> 狗叫狗言。
> 猫喵猫语。
> 人说人话。

12.5 经 典 案 例

1. 栈的封装

栈是限制在一端进行插入操作和删除操作的线性表（俗称堆栈），允许进行操作的一端称为"栈顶"，另一固定端称为"栈底"，当栈中没有元素时称为"空栈"。向一个栈内插入元素称为进栈，push；从一个栈删除元素称为出栈，pop。其特点是后进先出（LIFO）。

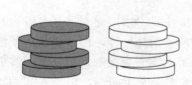
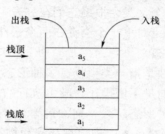

Operation	Return Value	Stack Contents
S.push(5)	–	[5]
S.push(3)	–	[5, 3]
len(S)	2	[5, 3]
S.pop( )	3	[5]
S.is_empty( )	False	[5]
S.pop( )	5	[ ]
S.is_empty( )	True	[ ]
S.pop( )	"error"	[ ]
S.push(7)	–	[7]
S.push(9)	–	[7, 9]
S.top( )	9	[7, 9]
S.push(4)	–	[7, 9, 4]
len(S)	3	[7, 9, 4]
S.pop( )	4	[7, 9]
S.push(6)	–	[7, 9, 6]
S.push(8)	–	[7, 9, 6, 8]
S.pop( )	8	[7, 9, 6]

使用方法

源码如下：

```python
class Stack(object):
    """栈的封装[1, 2, 3, 4]"""
    def __init__(self):
        self.stack = []
    def push(self, value):
        """入栈"""
        self.stack.append(value)
        print(f"入栈元素为{value}")
    def pop(self):
        """出栈"""
        if self.is_empty():
            raise Exception("栈为空")
        item = self.stack.pop()
        print(f"出栈元素为{item}")
        return item
    def is_empty(self):
        """判断栈是否为空"""
        return len(self.stack) == 0
    def top(self):
        """返回栈顶元素"""
        if self.is_empty():
            raise Exception("栈为空")
        return self.stack[-1]
    def __len__(self):
        """魔术方法，len(object)自动执行的方法"""
        return len(self.stack)
```

```
if __name__ == '__main__':
    stack = Stack()
    stack.push(1)
    stack.push(2)
    stack.push(3)
    print(len(stack))  # 3
    stack.pop()
    print(stack.is_empty()) # False
    print(stack.top())  # 2
```

2. 队列的封装

队列是限制在一端进行插入操作和另一端删除操作的线性表，允许进行插入操作的一端称为"队尾"，允许进行删除操作的一端称为"队头"，当队列中没有元素时称为"空队"。其特点是先进先出（FIFO）。

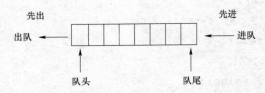

Operation	Return Value	first ← Q ← last
Q.enqueue(5)	–	[5]
Q.enqueue(3)	–	[5, 3]
len(Q)	2	[5, 3]
Q.dequeue()	5	[3]
Q.is_empty()	False	[3]
Q.dequeue()	3	[ ]
Q.is_empty()	True	[ ]
Q.dequeue()	"error"	[ ]
Q.enqueue(7)	–	[7]
Q.enqueue(9)	–	[7, 9]
Q.first()	7	[7, 9]
Q.enqueue(4)		[7, 9, 4]
len(Q)	3	[7, 9, 4]
Q.dequeue()	7	[9, 4]

源码如下：

```
class Queue(object):
    """

    队列的封装
    1.列表左侧作为队尾
    2.列表右侧作为队头
    """

    def __init__(self):
        self.queue = []

    def enqueue(self, value):
```

```python
        """入队"""
        self.queue.insert(0,value)
        print(f"入队元素为{value}")
    def dequeue(self):
        """出队"""
        if self.is_empty():
            raise Exception("队列为空")
        item = self.queue.pop()
        print(f"出队元素为{item}")
        return item
    def is_empty(self):
        """判断栈是否为空"""
        return len(self.queue) == 0
    def first(self):
        """返回队头元素"""
        if self.is_empty():
            raise Exception("队为空")
        return self.queue[-1]
    def last(self):
        """返回队尾元素"""
        if self.is_empty():
            raise Exception("队为空")
        return self.queue[0]
    def __len__(self):
        """魔术方法，len(object)自动执行的方法，获取队列的长度"""
        return len(self.queue)
if __name__ == '__main__':
    stack = Queue()
    stack.enqueue(1)
    stack.enqueue(2)
    stack.enqueue(3)
    print(stack.is_empty())  # False
    print(len(stack))
    stack.dequeue()   #1 出队，剩 32
    print(stack.first())   #2
    print(stack.last())  # 3
```

3. 二叉树的封装

```python
class Node(object):
    """节点类"""
```

```python
    def __init__(self, val=None, left=None, right=None):
        self.val = val
        self.left = left
        self.right = right
class BinaryTree(object):
    """封装二叉树"""
    def __init__(self, root):
        self.root = root
    def pre_travel(self, root):
        """先序遍历：根左右"""
        if (root != None):
            print(root.val)
            self.pre_travel(root.left)
            self.pre_travel(root.right)
    def in_travel(self, root):
        """中序遍历：左根右"""
        if (root != None):
            self.in_travel(root.left)
            print(root.val)
            self.in_travel(root.right)
    def last_travel(self, root):
        """后序遍历：左右根"""
        if (root != None):
            self.last_travel(root.left)
            self.last_travel(root.right)
            print(root.val)
if __name__ == '__main__':
    node1 = Node(1)
    node2 = Node(2)
    node3 = Node(3)
    node4 = Node(4)
    node5 = Node(5)
    node6 = Node(6)
    node7 = Node(7)
    node8 = Node(8)
    node9 = Node(9)
    node10 = Node(10)
    bt = BinaryTree(root=node1)
    node1.left = node2
```

```
node1.right = node3
node2.left = node4
node2.right= node5
node3.left = node6
node3.right = node7
node4.left = node8
node4.right = node9
node5.left = node10
# 先序遍历
bt.pre_travel(node1)
```

12.6　面向对象常用术语

1. 抽象/实现

抽象指对现实世界问题和实体的本质表现，行为和特征建模，建立一个相关的子集，可以用于描绘程序结构，从而实现这种模型。抽象不仅包括这种模型的数据属性，还定义了这些数据的接口。

对某种抽象的实现就是对此数据及与之相关接口的现实化（realization）。现实化这个过程对于客户程序应当是透明而且无关的。

2. 封装/接口

封装描述了对数据/信息进行隐藏的观念，它对数据属性提供接口和访问函数。通过任何客户端直接对数据的访问，无视接口，与封装性都是背道而驰的，除非程序员允许这些操作。作为实现的一部分，客户端根本就不需要知道在封装之后，数据属性是如何组织的。在 Python 中，所有的类属性都是公开的，但名字可能被"混淆"了，以阻止未经授权的访问，但仅此而已，再没有其他预防措施了。这就需要在设计时，对数据提供相应的接口，以免客户程序通过不规范的操作来存取封装的数据属性。

注意：封装绝不是等于"把不想让别人看到、以后可能修改的东西用 private 隐藏起来"真正的封装是，经过深入的思考，做出良好的抽象，给出"完整且最小"的接口，并使得内部细节可以对外透明（注意：对外透明的意思是，外部调用者可以顺利地得到自己想要的任何功能，完全意识不到内部细节的存在）。

3. 合成

合成扩充了对类的描述，使得多个不同的类合成为一个大的类，来解决现实问题。合成描述了一个异常复杂的系统，比如一个类由其他类组成，更小的组件也可能是其他的类，数据属性及行为，所有这些合在一起，彼此是"有一个"的关系。

4. 派生/继承/继承结构

派生描述了子类衍生出新的特性，新类保留已存类的类型中所有需要的数据和行为，但允许修改或者其他的自定义操作，都不会修改原类的定义。

继承描述了子类属性从祖先类继承这样一种方式。

继承结构表示多"代"派生，可以描述成一个"族谱"，连续的子类，与祖先类都有关系。

5. 泛化/特化

基于继承。

泛化表示所有子类与其父类及祖先类有一样的特点。

特化描述所有子类的自定义，也就是，什么属性让它与其祖先类不同。

6. 多态与多态性

多态指的是同一种事物的多种状态。水这种事物有多种不同的状态，如冰、水蒸气等。

多态性的概念指出了对象如何通过它们共同的属性和动作来操作及访问，而不需考虑它们具体的类。

冰、水蒸气，都继承于水，它们都有一个同名的方法就是变成云，但是冰.变云()，与水蒸气.变云()是截然不同的过程，虽然调用的方法都一样。

7. 自省/反射

自省也称作反射，这个性质展示了某对象是如何在运行期取得自身信息的。如果传一个对象给你，你可以查出它有什么能力，这是一项强大的特性。如果 Python 不支持某种形式的自省功能，dir 和 type 内建函数，将很难正常工作。还有那些特殊属性，像__dict__，__name__及__doc__。

12.7　面向对象的软件开发

很多人在学完了 Python 的 class 机制之后，遇到一个生产中的问题，还是会很懵，这其实太正常了，因为任何程序的开发都是先设计后编程，Python 的 class 机制只不过是一种编程方式，如果硬要拿着 class 去和所遇问题死磕，变得更加懵都是分分钟的事。在以前，软件的开发相对简单，从任务的分析到编写程序，再到程序的调试，可以由一个人或一个小组去完成，但是随着软件规模的迅速增大，软件所面临的问题十分复杂，需要考虑的因素太多，在一个软件中所产生的错误和隐藏的错误、未知的错误可能达到惊人的程度，这也不是在设计阶段就能完全解决的。

所以软件的开发其实是一整套规范，我们所学的只是其中的一小部分，一个完整的开发过程，需要明确每个阶段的任务，在保证一个阶段正确的前提下再进行下一个阶段的工作，称之为软件工程。

面向对象的软件工程包括下面几部分。

1. 面向对象分析

软件工程中的系统分析阶段，要求分析员和用户结合在一起，对用户的需求做出精确的分析和明确的表述，从大的方面解析软件系统应该做什么，而不是怎么去做。面向对象分析（object oriented analysis，OOA）要按照面向对象的概念和方法，在对任务的分析中，从客观存在的事物和事物之间的关系，归纳出有关的对象（对象的"特征"和"技能"）及对象之间的联系，并将具有相同属性和行为的对象用一个类 class 来标识。

建立一个能反映这是工作情况的需求模型，此时的模型是粗略的。

2. 面向对象设计

面向对象设计（object oriented design，OOD）是根据面向对象分析阶段形成的需求模型，对每一部分分别进行具体的设计。

首先是类的设计，类的设计可能包含多个层次（利用继承与派生机制）。然后以这些类为基础提出程序设计的思路和方法，包括对算法的设计。

在设计阶段并不牵涉任何一门具体的计算机语言，而是用一种更通用的描述工具（如伪代码或流程图）来描述。

3. 面向对象编程

面向对象编程（object oriented programming，OOP）是根据面向对象设计的结果，选择一种计算机语言把它写成程序，可以是 Python。

4. 面向对象测试

面向对象测试（object oriented test，OOT）是在写好程序后、交给用户使用前，必须对程序进行严格的测试，测试的目的是发现程序中的错误并修正它。

面向对象的测试是用面向对象的方法进行测试，以类作为测试的基本单元。

5. 面向对象维护

正如对任何产品都需要进行售后服务和维护一样，软件在使用时也会出现一些问题，或者软件商想改进软件的性能，这就需要修改程序，即面向对象维护（object oriendted soft maintenance，OOSM）。

由于使用了面向对象的方法开发程序，使用程序的维护比较容易。

因为对象的封装性，修改一个对象对其他的对象影响很小，利用面向对象的方法维护程序，大大提高了软件维护的效率，可扩展性高。

在面向对象方法中，最早发展的肯定是面向对象编程（OOP），那时 OOA 和 OOD 都还没有发展起来，因此程序设计者为了写出面向对象的程序，还必须深入到分析和设计领域，尤其是设计领域，那时的 OOP 实际上包含了现在的 OOD 和 OOP 两个阶段，这对程序设计者要求比较高，许多人感到很难掌握。

现在设计一个大的软件，是严格按照面向对象软件工程的 5 个阶段进行的，这 5 个阶段的工作不是由一个人从头到尾完成的，而是由不同的人分别完成的，这样 OOP 阶段的任务就比较简单了。程序编写者只需要根据 OOD 提出的思路，用面向对象语言编写出程序既可。

在一个大型软件开发过程中，OOP 只是很小的一个部分。

对于全栈开发的你来说，这 5 个阶段都有了，对于简单的问题，不必严格按照这个 5 个阶段进行，往往由程序设计者按照面向对象的方法进行程序设计，包括类的设计和程序的设计。

12.8　小　　结

本章介绍了面向对象程序设计的基本方法，结构如下。

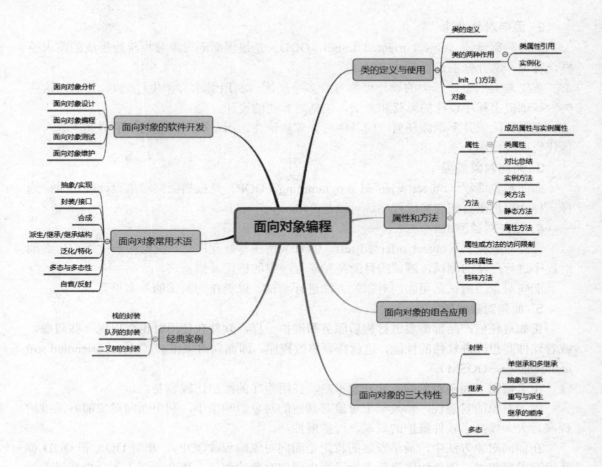

面向对象的软件开发
- 面向对象分析
- 面向对象设计
- 面向对象编程
- 面向对象测试
- 面向对象维护

面向对象常用术语
- 抽象/实现
- 封装/接口
- 合成
- 派生/继承/继承结构
- 泛化/特化
- 多态与多态性
- 自省/反射

经典案例
- 栈的封装
- 队列的封装
- 二叉树的封装

面向对象编程

类的定义与使用
- 类的定义
- 类的两种作用
  - 类属性引用
  - 实例化
- __init__()方法
- 对象

属性和方法
- 属性
  - 成员属性与实例属性
  - 类属性
  - 对比总结
- 方法
  - 实例方法
  - 类方法
  - 静态方法
  - 属性方法
- 属性或方法的访问限制
- 特殊属性
- 特殊方法

面向对象的组合应用

面向对象的三大特性
- 封装
- 继承
  - 单继承和多继承
  - 抽象与继承
  - 重写与派生
  - 继承的顺序
- 多态

第13章 文　　件

文件是存储在辅助存储器上的一组数据序列，可以包含任何数据内容。在概念上，文件是数据的集合和抽象。文件包括两种类型：文本文件和二进制文件。

文本文件一般由单一特定编码的字符组成，如 UTF-8 编码，内容容易统一展示和阅读。

二进制文件直接由比特 0 和比特 1 组成，文件内部数据的组织格式与文件用途有关。二进制是信息按照非字符但特定格式形成的文件，例如，png 格式的图片文件、avi 格式的视频文件。

13.1　文件的基本操作

Python 对文本文件和二进制文件采用统一的操作步骤，即"打开—操作—关闭"。常见的文件操作包括文件写和文件读两类，如下图所示。

1. 打开和关闭文件

1）open()函数

Python 通过 open()函数打开一个文件，并返回一个操作这个文件的变量，语法形式如下：

```
<变量名> = open(<文件路径及文件名>,<打开模式>)
```

打开模式使用字符串方式表示，根据字符串定义，单引号或者双引号均可。上述打开模式中，'r'、'w'、'x'、'a'可以和'b'、't'、'+'组合使用，形成既表达读写又表达文件模式的方式。

下表是打开模式的含义展示。

打开模式	含义
'r'	只读模式，如果文件不存在，返回异常 FileNotFoundError，默认值
'w'	覆盖写模式，文件不存在则创建，存在则完全覆盖源文件
'x'	创建写模式，文件不存在则创建，存在则返回异常 FileExistsError
'a'	追加写模式，文件不存在则创建，存在则在原文件最后追加内容
'b'	二进制文件模式
't'	文本文件模式，默认值
'+'	与'r'/'w'/'x'/'a'一同使用，在原功能基础上增加同时读写功能

2）文件的属性

一个文件被打开后，会得到一个 file 对象，可以得到有关该文件的各种信息。

以下是和 file 对象相关的所有属性的列表：

属性	描述
file.closed	返回 True 如果文件已被关闭，否则返回 False
file.mode	返回被打开文件的访问模式
file.name	返回文件的名称

3）close 函数

File 对象的 close()方法是刷新缓冲区里任何还没写入的信息，并关闭该文件，这之后便不能再进行写入。当一个文件对象的引用被重新指定给另一个文件时，Python 会关闭之前的文件。用 close()方法关闭文件是一个很好的习惯。

语法：`fileObject.close()`

例 13-1：打开一个文件，并查看文件属性。

```
In [16]: file = open("f.txt", "wb")    #打开文件
         print("文件名: ", file.name)  #查看文件属性
         print("是否已关闭 : ", file.closed)
         print("访问模式 : ", file.mode)
         file.close()                   #关闭文件
         print("是否已关闭 : ", file.closed)

文件名: f.txt
是否已关闭 : False
访问模式 : wb
是否已关闭 : True
```

2. 文件的读和写

操作文件的步骤是：首先打开文件，然后查看打开模式，接着按照打开模式操作文件，模式操作判断结构如下图所示。

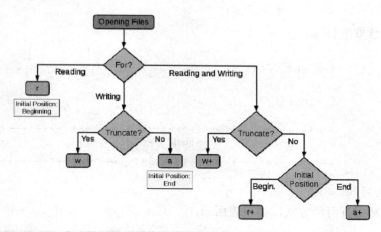

以上模式对应的操作和文件指针的位置如下表所示。

模式	r	r+	w	w+	a	a+
读	+	+		+		+
写		+	+	+	+	+
创建			+	+	+	+
覆盖			+	+		
指针在开始	+	+	+	+		
指针在结尾					+	+

1）文件的读

读取文件通常用到下表的 5 种方法。

方法	含义
f.read(size=-1)	从文件中读入整个文件内容。参数可选，如果给出，读入前 size 长度的字符串或字节流
f.readline(size = -1)	从文件中读入一行内容。参数可选，如果给出，读入该行前 size 长度的字符串或字节流
f.readlines(hint=-1)	从文件中读入所有行，以每行为元素形成一个列表。参数可选，如果给出，读入 hint 行
f.tell()	获得文件指针位置
f.seek(offset[,where])	把文件指针移动到相对于 where 的 offset 位置。where 为 0 表示文件开始处，这是默认值；1 表示当前位置；2 表示文件结尾

从文本文件中逐行读入内容并进行处理是一个基本的文件操作需求。文本文件可以看成是由行组成的组合类型，因此，可以使用遍历循环逐行遍历文件，使用方法如下：

```
f = open（<文件路径及名称>, "r"）
for line in f:
        # 处理一行数据
f.close()
```

例 13-2：读取文件。

```
In  [4]:  f=open('f.txt')
          print(f.read())
          f.close()
```

++
欢迎进入Python世界!!
++

2）文件的写入

文件的写常用有两种方式，如下表所示。

方法	含义
f.write(s)	向文件写入一个字符串或字节流
f.writelines(lines)	将一个元素为字符串的列表写入文件

例 13-3：用 write 方法向 D 盘根目录写一个文件，存入一首诗。

```
f = open("D://c.txt", "w")
f.write('新年都未有芳华\n')
f.write('二月初惊见草芽\n')
f.write('白雪却嫌春色晚\n')
f.write('故穿庭树作飞花\n')
f.close()
```

例 13-4：用 writelines 方法，向 D 盘根目录写入一首诗。

```
ls = ['新年都未有芳华\n', '二月初惊见草芽\n','白雪却嫌春色晚\n','故穿庭树作飞花\n']
f = open("D://c.txt", "w")
f.writelines(ls)
f.close()
```

3. with 语句管理文件

with 是一种上下文的管理协议，用于简化 try…except…finally 的处理流程。with 通过 __enter__ 方法初始化，然后在 __exit__ 中做善后及处理异常。对于一些需要预先设置，事后要清理的任务，with 提供了一种非常方便的表达。（系统自动关闭文件）

基本语法：

```
with EXPR as VAR:
     BLOCK
```

例 13-5：用 with 语句打开文件，并读取，无需关闭。

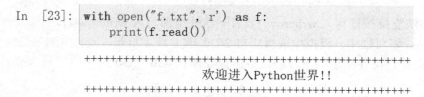

```
In [23]: with open("f.txt",'r') as f:
             print(f.read())
```

```
++++++++++++++++++++++++++++++++++++++++++++++++++
                欢迎进入Python世界！！
++++++++++++++++++++++++++++++++++++++++++++++++++
```

用 with 语句的好处：能够避免文件打开、关闭异常情况。例如，文件打开在关闭之前发生错误，导致程序崩溃，文件无法正常关闭。

13.2 读写 CSV 和 Excel 文件

1. CSV 与 excel 的比较

comma separated values，简称 CSV，它是一种以逗号分隔数值的文件类型。在数据库或电子表格中，它是最常见的导入/导出格式，它以一种简单而明了的方式存储和共享数据，CSV 文件是以纯文本的方式存储数据表。

xls 是电子表格，二进制文件，偏应用，存储数据只是其功能的一方面，它的作用更多的是对数据进行处理，包括公式宏等，必须有 Excel 才能打开。对于数据储存来说 CSV 更高效，而 xls 功能更完善。

它们的比较如下表所示：

Excel	CSV
Excel 是一个二进制文件，它保存有关工作簿中所有工作表的信息	CSV 是一个纯文本格式，用逗号分隔一系列值
Excel 不仅可以存储数据，还可以对数据进行操作	CSV 文件只是一个文本文件，它存储数据，但不包含格式、公式、宏等。它也被称为平面文件
保存在 Excel 中的文件不能被文本编辑器打开或编辑	CSV 文件可以通过文本编辑器（如记事本）打开或编辑
Excel 导入数据时消耗更多的内存	导入 CSV 文件可以更快，而且消耗更少的内存
Excel 除了文本，数据也可以以图表和图形的形式存储	CSV 不能存储图表或图形

2. Python 读写 CSV 文件

Python 标准库 CSV 提供了对 CSV 文件的读写操作，常用函数有 reader()和 writer()，其中，reader()的语法如下：

```
csv_reader = reader(iterable [, dialect='excel']
          [optional keyword args])
for row in csv_reader:
  process(row)
```

writer()函数的语法如下：

```
csv_writer = csv.writer(fileobj [, dialect='excel']
                [optional keyword args])
```

写入方法支持按行写入 writerow()或者一次性全部写入 writerows()。

例 13-6：编写程序，模拟生成饭店自 2022 年 1 月 1 日起，连续 100 天营业额数据，写入 CSV 文件，文件结构如下，假设饭店营业额在 450～550 元浮动。

```
日期 销量
2022-01-01 470
2022-01-02 493
2022-01-03 543
```

```
from csv import reader,writer
from random import randrange
from datetime import date,timedelta
fn='data.csv'
with open(fn,'w',newline='') as fp:
    wr=writer(fp)          #创建 csv 对象
    wr.writerow(['日期','销量'])   #写入表头
    startDate=date(2022,1,1)
    for i in range(100):      #生成模拟数据
        amount=500+randrange(-50,50)
        wr.writerow([str(startDate),amount])
        startDate=startDate+timedelta(days=1)
```

```
with open(fn) as fp:
    for line in reader(fp):
        print(*line)
```

注：open(fn,'w',newline='')中的 newline=''，表示新行无间隔，否则数据行间会多一行空行。

3. Python 读写 Excel 文件

Python 处理 Excel，可以使用 xlrd、xlwt、openpyxl 或者 pandas 等第三方库读写数据。一般如果是后缀 xls 的话，用 xlwt 和 xlrd 进行读写；而后缀是 xlsx 的话，用 openpyxl 进行读写。在此主要介绍 openpyxl 库对 xlsx 的读写。

1）新建工作簿和工作表

openpyxl 库中有个 Workbook 对象，代表一个 Excel 文档。Workbook 提供的部分常用属性如下表所示：

属性	含义
active	获取当前活跃的 Worksheet
worksheets	以列表的形式返回所有的 sheet 对象（表格对象）
read_only	判断是否以 read_only 模式打开 Excel 文档

164

续表

属性	含义
write_only	判断是否以 write_only 模式打开 Excel 文档
encoding	获取文档的字符集编码
properties	获取文档的元数据，如标题、创建者、创建日期等
sheetnames	以列表的形式返回工作簿中的表的表名（表名字符串）

Workbook 对象提供的部分常用方法如下表：

方法	含义
get_sheet_names	获取所有表格的名称（新版已经不建议使用，通过 Workbook 的 sheetnames 属性即可获取）
get_sheet_by_name	通过表格名称获取 Worksheet 对象（新版也不建议使用，通过 Workbook['表名']获取）
get_active_sheet	获取活跃的表格（新版建议通过 active 属性获取）
remove_sheet	删除一个表格
create_sheet	创建一个空的表格
copy_worksheet	在 Workbook 内复制表格

例 13-7：创建一个名为 data1 的工作簿，在有默认 sheet 的基础上，为它创建一个新的 sheet，名为 sheet2，代码如下：

```
from openpyxl import Workbook
wb = Workbook()    # 创建一个Workbook对象
wb.create_sheet(index=1, title="sheet2") # 如果不指定sheet索引和表名，默认在第二张表位置新建表名sheet1
ws = wb.active  # 获取当前活跃的sheet，默认为第一张sheet
print(ws)
sheets = wb.worksheets # 获取当前工作簿的所有sheet对象
print(sheets)
sheets_name = wb.sheetnames # 获取所有sheet的名字
print(sheets_name)

wb.save('data1.xlsx') # 保存为工作簿data1.xlsx
```

2）为工作表添加内容

Workbook 对象代表一张工作簿，而其中有一张或多张 sheet，这些 sheet 便是一个个 Worksheet 对象。Worksheet 对象的属性如下表：

属性	含义
title	表格的标题
dimensions	表格的大小，这里的大小是指含有数据的表格的大小，即：左上角的坐标，右下角的坐标
max_row	表格的最大行
min_row	表格的最小行
max_column	表格的最大列
min_column	表格的最小列
rows	按行获取单元格（Cell 对象）- 生成器
columns	按列获取单元格（Cell 对象）- 生成器
freeze_panes	冻结窗格
values	按行获取表格的内容（数据）- 生成器

165

Worksheet 对象的方法如下表：

方法	含义
iter_rows	按行获取所有的单元格，内置属性有(min_row,max_row,min_col,max_col)
iter_columns	按列获取所有的单元格
append	在表格末尾添加数据
merged_cells	合并多个单元格
unmerged_cells	移除合并的单元格

例 13-8：新建一个 data1.xlsx 的工作簿，并为当前活跃的第一张 sheet 表添加一行表头和两行数据。

```
In [60]:  from openpyxl import Workbook
          wb = Workbook()  # 创建一个Workbook对象
          ws = wb.active   # 获取当前活跃的sheet，默认是第一个sheet
          ws['A1'] = 'class'
          ws['B1'] = 'name'
          ws['C1'].value = 'score'
          row1 = ['class1', 'zhangsan', 90]
          row2 = ['class2', 'lisi', 88]
          ws.append(row1)
          ws.append(row2)

          wb.save('data1.xlsx')
```

结果如下图：

	A	B	C
1	class	name	score
2	class1	zhangsan	90
3	class2	lisi	88
4			

对于一张 sheet 表，每一个格子是一个 Cell 对象，可以用来定位表中任一位置。Cell 对象常用的属性如下表：

属性	含义
row	单元格所在的行
column	单元格所在的列
value	单元格的值
coordinate	单元格的坐标

因此，也可以通过 Cell 对象为 sheet 添加内容。如下是为表添加表头的代码：

```
ws.cell(row=1, column=1) = 'class'
ws.cell(1,2).value = 'name'
ws.cell(1,3).value = 'score'
```

3）读取 xlsx 文件

例 13-9：通过 Cell 对象读取每一格内容，代码如下：

```
In [75]: from openpyxl import load_workbook
         wb = load_workbook('data1.xlsx')
         sheets = wb.worksheets   # 获取当前所有的sheet
         print(sheets)
         sheet1 = sheets[0]   # 获取第一张sheet
         # sheet1 = wb['Sheet']   # 也可以通过已知表名获取sheet
         print(sheet1)
         cell_11 = sheet1.cell(1,1).value   # 通过Cell对象读取
         print(cell_11)
         cell_11 = sheet1.cell(1,2).value
         print(cell_11)

         [<Worksheet "Sheet">]
         <Worksheet "Sheet">
         class
         name
```

例 13-10：读取表中的一行或者一列内容，代码如下：

```
In [78]: from openpyxl import load_workbook
         wb = load_workbook('data1.xlsx')
         sheets = wb.worksheets   # 获取当前所有的sheet
         # 获取第一张sheet
         sheet1 = sheets[0]
         # 获取第一行所有数据
         row1 = []
         print(sheet1[1])
         for row in sheet1[1]:
             row1.append(row.value)
         print(row1)
         # 获取第一列所有数据
         col1 = []
         for col in sheet1['A']:
             col1.append(col.value)
         print(col1)

         (<Cell 'Sheet'.A1>, <Cell 'Sheet'.B1>, <Cell 'Sheet'.C1>)
         ['class', 'name', 'score']
         ['class', 'class1', 'class2']
```

例 13-11：通过 sheet 对象的 rows 和 columns 属性读取表的行或者列，代码如下：

```
In [84]: from openpyxl import load_workbook
         wb = load_workbook('data1.xlsx')
         sheets = wb.worksheets   # 获取当前所有的sheet
         # 获取第一张sheet
         sheet1 = sheets[0]
         rows = sheet1.rows
         columns = sheet1.columns
         # 迭代读取所有的行
         for row in rows:
             print(row)
             row_val = [col.value for col in row]
             print(row_val)
         print('')
         # 迭代读取所有的列
         for col in columns:
             print(col)
             col_val = [row.value for row in col]
             print(col_val)
```

4）读取有公式的表格

如果碰到带有公式的表格，而只想要读取其中计算的结果时，可以在读取工作簿的时候加上 data_only=True 的属性，例如：

```
In [85]: from openpyxl import load_workbook
         wb = load_workbook('data1.xlsx', data_only=True)
```

13.3　文件内置库

1. os 模块

os 模块提供通用的、基本的操作系统交互功能。

（1）os 模块就是对操作系统进行操作，使用该模块必须先导入模块：

```
import os
```

（2）getcwd() 获取当前工作目录（当前工作目录默认都是当前文件所在的文件夹）。

```
result = os.getcwd()
print(result)
```

（3）chdir()改变当前工作目录。

```
os.chdir('/home/sy')
result = os.getcwd()
print(result)
```

（4）listdir() 获取指定文件夹中所有内容的名称列表。

```
result = os.listdir('/home/sy')
print(result)
```

（5）mkdir() 创建文件夹。

```
os.mkdir('girls')
```

（6）makedirs() 递归创建文件夹。

```
os.makedirs('/home/sy/a/b/c/d')
```

（7）rmdir() 删除空目录。

```
os.rmdir('girls')
```

（8）removedirs 递归删除文件夹，必须都是空目录。

```
os.removedirs('/home/sy/a/b/c/d')
```

（9）rename() 文件或文件夹重命名。

```
os.rename('/home/sy/a','/home/sy/alibaba'
os.rename('02.txt','002.txt')
```

（10）stat() 获取文件或者文件夹的信息。

```
result =os.stat('/home/sy/PycharmProject/Python3/
10.27/01.py)
print(result)
```

（11）system() 执行系统命令（危险函数）。

```
result =os.system('ls -al') #获取隐藏文件
print(result)
```

（12）getenv() 获取系统的环境变量。

```
result = os.getenv('PATH')
print(result.split(':'))
```

（13）putenv()将一个目录添加到环境变量中（临时增加仅对当前脚本有效）。

```
os.putenv('PATH','/home/sy/下载')
os.system('syls')
```

（14）os 模块中的常用值。

① curdir 表示当前文件夹，一般情况下可以省略。

```
print(os.curdir)
```

② pardir 表示上一层文件夹，不可省略。

```
print(os.pardir)
```

③ name 获取代表操作系统的名称字符串。

```
print(os.name)#posix->linux 或者 unix 系统 nt->window
系统
```

④ sep 获取系统路径间隔符号 window ->\ linux ->/。

```
print(os.sep)
```

⑤ extsep 获取文件名称和后缀之间的间隔符号 window & linux->。

```
print(os.extsep)
```

⑥ linesep 获取操作系统的换行符号 window->\r\n linux/unix->\n。

```
print(repr(os.linesep))
```

2. os.path 模块

子库以 path 为入口，用于操作和处理文件路径。

（1）导入子模块。

```
import os.path 或 import os.path as op
```

（2）abspath() 将相对路径转化为绝对路径。

```
path = './boys'#相对
result = os.path.abspath(path)
print(result)
```

（3）dirname() 获取完整路径当中的目录部分，basename()获取完整路径当中的主体部分。

```
path = '/home/sy/boys'
result = os.path.dirname(path)
print(result)
result = os.path.basename(path)
print(result)
```

（4）split() 将一个完整的路径切割成目录部分和主体部分。

```
path = '/home/sy/boys'
result = os.path.split(path)
print(result)
```

（5）join() 将 2 个路径合并成一个。

```
var1 = '/home/sy' ; var2 = '000.py'
result = os.path.join(var1,var2)
print(result)
```

（6）splitext() 将一个路径切割成文件后缀和其他两个部分，主要用于获取文件的后缀。

```
path = '/home/sy/000.py'
result = os.path.splitext(path)
print(result)
```

（7）getsize() 获取文件的大小。

```
path = '/home/sy/000.py'
result = os.path.getsize(path)
print(result)
```

（8）isfile() 检测是否是文件。

```
path = '/home/sy/000.py'
result = os.path.isfile(path)
print(result)
```

（9）isdir() 检测是否是文件夹。

```
result = os.path.isdir(path)
print(result)
```

（10）islink() 检测是否是链接。

```
path = '/initrd.img.old'
result = os.path.islink(path)
print(result)
```

（11）getctime() 获取文件的创建时间。

```
getmtime() 获取文件的修改时间 get modify time
getatime() 获取文件的访问时间 get active time
import time
filepath = '/home/sy/下载/chls'
result = os.path.getctime(filepath)
print(time.ctime(result))
result = os.path.getmtime(filepath)
print(time.ctime(result))
result = os.path.getatime(filepath)
print(time.ctime(result))
```

（12）exists() 检测某个路径是否真实存在。

```
filepath = '/home/sy/下载/chls'
```

```
        result = os.path.exists(filepath)
        print(result)
```

（13）isabs() 检测一个路径是否是绝对路径。

```
        path = '/boys'
        result = os.path.isabs(path)
        print(result)
```

（14）samefile() 检测 2 个路径是否是同一个文件。

```
        path1 ='/home/sy/下载/001'
        path2 = '../../../下载/001'
        result = os.path.samefile(path1,path2)
        print(result)
```

例 13-12： 遍历指定目录中所有文件及文件夹，分行打印每一个文件和文件夹名，并把内容写入一个新文本文件。

注：用到 os.walk()方法，os.walk（路径）方法返回 3 个值：

dirpath, dirnames, filenames

```
import os
def walk_dir(dir,fileinfo,topdown=True):
    for root, dirs, files in os.walk(dir, topdown):
        for name in files:
            print(os.path.join(name))
            fileinfo.write(os.path.join(root,name) + '\n')
        for name in dirs:
            print(os.path.join(name))
            fileinfo.write('    ' + os.path.join(root,name) + '\n')
dir = input('please input the path:')
fileinfo = open('a.txt','w+')
walk_dir(dir,fileinfo)
fileinfo.close()
```

以上程序运行结果如下：

```
please input the path:G:\Python\代码\文件
b.txt
读取文本文件.py
c.txt
文本数据绘制图形.py
data.txt
os_walk.py
test.txt
record.txt
文件分割.py
遍历文件.py
a.txt
a
b
c
d.txt
```

13.4 小 结

本章介绍了 Python 中对文件的操作和相关库模块的操作，结构如下。

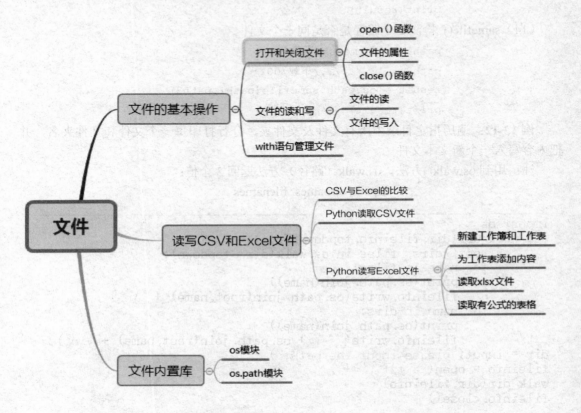

附录：os 模块及 os.path 模块常用命令

os.remove() 删除文件；

os.unlink() 删除文件；

os.rename() 重命名文件；

os.listdir() 列出指定目录下所有文件；

os.chdir() 改变当前工作目录；

os.getcwd() 获取当前文件路径；

os.mkdir() 新建目录；

os.rmdir() 删除空目录（删除非空目录，使用 shutil.rmtree()）；

os.makedirs() 创建多级目录；

os.removedirs() 删除多级目录；

os.stat(file) 获取文件属性；

os.chmod(file) 修改文件权限；

os.utime(file) 修改文件时间戳；

os.name(file) 获取操作系统标识；

os.system() 执行操作系统命令；

os.execvp() 启动一个新进程；

os.fork() 获取父进程 ID，在子进程返回中返回 0；

os.execvp() 执行外部程序脚本（Uinx）；

os.spawn() 执行外部程序脚本（Windows）；

os.access(path, mode) 判断文件权限（详细参考 cnblogs）；

os.wait() 暂时未知；

os.path 模块：

os.path.split(filename) 将文件路径和文件名分割（会将最后一个目录作为文件名而分离）；

os.path.splitext(filename) 将文件路径和文件扩展名分割成一个元组；

os.path.dirname(filename) 返回文件路径的目录部分；

os.path.basename(filename) 返回文件路径的文件名部分；

os.path.join(dirname,basename) 将文件路径和文件名凑成完整文件路径；

os.path.abspath(name) 获得绝对路径；

os.path.splitunc(path) 把路径分割为挂载点和文件名；

os.path.normpath(path) 规范 path 字符串形式；

os.path.exists() 判断文件或目录是否存在；

os.path.isabs() 如果 path 是绝对路径，返回 True；

os.path.realpath(path) #返回 path 的真实路径；

os.path.relpath(path[, start]) #从 start 开始计算相对路径；

os.path.normcase(path) #转换 path 的大小写和斜杠；

os.path.isdir() 判断 name 是不是一个目录，name 不是目录，就返回 False；

os.path.isfile() 判断 name 是不是一个文件，不存在返回 False；

os.path.islink() 判断文件是否连接文件，返回 boolean；

os.path.ismount() 指定路径是否存在且为一个挂载点，返回 boolean；

os.path.samefile() 是否相同路径的文件，返回 boolean；

os.path.getatime() 返回最近访问时间，浮点型；

os.path.getmtime() 返回上一次修改时间，浮点型；

os.path.getctime() 返回文件创建时间，浮点型；

os.path.getsize() 返回文件大小，字节单位；

os.path.commonprefix(list) #返回 list（多个路径）中，所有 path 共有的最长的路径；

os.path.lexists #路径存在则返回 True，路径损坏也返回 True；

os.path.expanduser(path) #把 path 中包含的"~"和"~user"转换成用户目录；

os.path.expandvars(path) #根据环境变量的值替换 path 中包含的"$name"和"${name}"；

os.path.sameopenfile(fp1, fp2) #判断 fp1 和 fp2 是否指向同一文件；

os.path.samestat(stat1, stat2) #判断 stat tuple stat1 和 stat2 是否指向同一个文件；

os.path.splitdrive(path) #一般用在 Windows 下，返回驱动器名和路径组成的元组；

os.path.walk(path, visit, arg) #遍历 path，给每个 path 执行一个函数，详细见手册；

os.path.supports_unicode_filenames() 设置是否支持 unicode 路径名。

第 14 章 常用基础库

14.1 时间、日期模块

在平常的代码中，常常需要与时间打交道。在 Python 中，与时间和日期处理有关的模块就包括：time，datetime 及 calendar 模块。时间间隔是以秒为单位的浮点小数。和大多数语言一样，Python 中的每个时间戳都以从公元 1970 年 1 月 1 日午夜零时、零分、零秒经过了多长时间来表示。时间戳单位适于做日期运算，但是 1970 年之前的日期就无法以此表示了。太遥远的日期也不行，Unix 和 Windows 目前只支持到 2038 年。

1. time 模块

time 模块中时间表现的格式主要有 3 种，具体如下。

（1）时间戳（timestamp），时间戳表示的是从 1970 年 1 月 1 日 00:00:00 开始按秒计算的偏移量。

（2）时间元组（struct_time），共有 9 个元素。

（3）格式化时间（format time），已格式化的结构使时间更具可读性。包括自定义格式和固定格式。

这 3 种格式转换图如下：

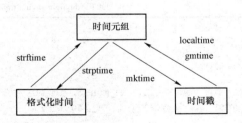

例 14-1：用 time() 获取以秒为单位的浮点时间。

```
In [3]: import time
        print('当前时间的时间戳：%f' % time.time())

        当前时间的时间戳：1646738001.012592
```

175

例 14-2：用 ctime()函数获取能直观理解的当前时间。

```
In [4]: import time
        print(time.ctime())

        Tue Mar  8 19:16:57 2022
```

例 14-3：将已有时间戳转换为直观时间。

```
In [5]: import time
        now=time.time()
        print(now)
        print(time.ctime(now))

        1646738359.22159
        Tue Mar  8 19:19:19 2022
```

例 14-4：时间元组的应用，时间元组是用 9 个数字封装起来的一个元组，表示固定格式的时间（日期），如下表所示，可以用 localtime()打印时间元组。

字段	属性	值
年（4 位数字）	tm_year	2022
月	tm_mon	1～12
日	tm_mday	1～31
小时	tm_hour	0～23
分钟	tm_min	0～59
秒	tm_sec	0～61（60 或 61 是润秒）
一周的第几日	tm_wday	1～7（1 是周一）
一年的第几日	tm_yday	1～366，一年中的第几天
夏令时	tm_isdst	是否为夏令时（值 1：夏令时，值 0：不是夏令时，默认为 0），DST（daylight saving time）即夏令时

```
In [6]: import time
        print(time.localtime())

        time.struct_time(tm_year=2022, tm_mon=3, tm_mday=8, tm_hour=19, tm_min=24,
        tm_sec=27, tm_wday=1, tm_yday=67, tm_isdst=0)
```

例 14-5：获取 UTC 时间（coordinated universal time，世界协调时）亦即格林威治天文时间，世界标准时间。在中国为 UTC+8。

```
In [7]: import time
        print(time.gmtime())

        time.struct_time(tm_year=2022, tm_mon=3, tm_mday=8, tm_hour=11, tm_min=32,
        tm_sec=36, tm_wday=1, tm_yday=67, tm_isdst=0)
```

例 14-6：用 mktime() 函数实现时区时间（时间元组）转换为时间戳。

```
In [8]:  import time
         gmt=time.gmtime()
         print(gmt)
         t1=time.mktime(gmt)
         print(t1)
         lt=time.localtime()
         print(lt)
         t2=time.mktime(lt)
         print(t2)
```

```
time.struct_time(tm_year=2022, tm_mon=3, tm_mday=8, tm_hour=11, tm_min=37,
tm_sec=32, tm_wday=1, tm_yday=67, tm_isdst=0)
1646710652.0
time.struct_time(tm_year=2022, tm_mon=3, tm_mday=8, tm_hour=19, tm_min=37,
tm_sec=32, tm_wday=1, tm_yday=67, tm_isdst=0)
1646739452.0
```

例 14-7：时间戳转换为时间元组格式，并获取年。

```
In [12]:  import time
          t=time.time()
          print(time.gmtime(t))
          print(time.localtime(t))
          print(time.localtime(t)[0],'年')
```

```
time.struct_time(tm_year=2022, tm_mon=3, tm_mday=8, tm_hour=11, tm_min=43,
tm_sec=52, tm_wday=1, tm_yday=67, tm_isdst=0)
time.struct_time(tm_year=2022, tm_mon=3, tm_mday=8, tm_hour=19, tm_min=43,
tm_sec=52, tm_wday=1, tm_yday=67, tm_isdst=0)
2022 年
```

例 14-8：时间的格式化。

标识	含义	举例
%b	月份简写	Mar
%B	本地完整月份名称	3 月
%d	一个月的第几天，取值范围：[01,31].	20
%y	去掉世纪的年份（00~99）	13
%Y	完整的年份	2013
%H	24 小时制的小时，取值范围[00,23].	17
%M	分，取值范围 [00,59].	50
%S	秒，取值范围 [00,61].	30

```
In [14]:  import time
          lt=time.localtime()
          st=time.strftime('%b %d %Y %H:%M:%S',lt)
          print(st)
```

```
Mar 08 2022 19:50:14
```

2. datetime 模块

datetime 模块提供了处理日期和时间的类，既有简单的方式，又有复杂的方式。它虽然支持日期和时间算法，但其实现的重点是为输出格式化和操作提供高效的属性提取功能。

1）datetime 模块介绍

datatime 模块重新封装了 time 模块，提供更多接口，提供的类有：date、time、datetime、timedelta 等。date 类是日期对象，常用的属性有 year、month、day；time 类是时间对象；datetime 类是日期时间对象，常用的属性有 hour、minute、second、microsecond；timedelta 类是时间间隔，即两个时间点之间的长度。

datetime 模块中包含以下类：

类名	功能说明
date	日期对象，常用的属性有 year、month、day
time	时间对象
datetime	日期时间对象，常用的属性有 hour、minute、second、microsecond
datetime_CAPI	日期时间对象 C 语言接口
timedelta	时间间隔，即两个时间点之间的长度
tzinfo	时区信息对象

例 14-9：datetime 模块中包含的常量：

```
In [16]:    import datetime as dt
            print(dt.MAXYEAR)     #最大年份
            print(dt.MINYEAR)     #最小年份

            9999
            1
```

2）date 类

① date 对象由 year（年份）、month（月份）及 day（日期）三部分构成：
date（year，month，day）

例 14-10：用 date.today()获取当前日期，并取出年、月、日。

```
In [23]:    import datetime as dt
            d=dt.date.today()
            print(d, d.year, d.month, d.day)
            print(d.__getattribute__('year'))
            print(d.__getattribute__('month'))
            print(d.__getattribute__('day'))

            2022-03-08 2022 3 8
            2022
            3
            8
```

② 用于日期比较大小的方法见下表。

方法名	方法说明	用法
__eq__(…)	等于(x==y)	x.__eq__(y)
__ge__(…)	大于等于(x>=y)	x.__ge__(y)
__gt__(…)	大于(x>y)	x.__gt__(y)
__le__(…)	小于等于(x<=y)	x.__le__(y)
__lt__(…)	小于(x<y)	x.__lt__(y)
__ne__(…)	不等于(x!=y)	x.__ne__(y)

以上方法的返回值为 True\False。

例 14-11：两个日期的比较。

```
In [27]:  a=dt.date(2022, 3, 8)
          b=dt.date(2022, 2, 8)
          print(a.__eq__(b), a.__ne__(b))
          print(a.__gt__(b), a.__le__(b))
```

```
False True
True False
```

③ 获得两个日期相差多少天。

使用__sub__(…)和__rsub__(…)方法，其实两个方法差不太多，一个是正向操作，一个是反向操作，见下表。

方法名	方法说明	用法
__sub__(…)	x - y	x.__sub__(y)
__rsub__(…)	y - x	x.__rsub__(y)

例 14-12：两个日期差多少天。

```
In [31]:  a=dt.date(2022, 3, 8)
          b=dt.date(2022, 2, 8)
          print(type(a.__sub__(b)), a.__sub__(b).days)
          print(a.__rsub__(b))
```

```
<class 'datetime.timedelta'> 28
-28 days, 0:00:00
```

注：计算结果的返回值类型为 datetime.timedelta。

④ ISO 标准化日期。如果想要让所使用的日期符合 ISO 标准，那么使用以下方法。

例 14-13：isocalendar( )，返回一个包含三个值的元组，三个值依次为：year 年份，week number 周数，weekday 星期数（星期一为 1…星期日为 7）。

```
In  [9]:  import datetime as dt
          d=dt.date.today()
          print(d)
          print(d.isocalendar())  #元组（年份，周数，星期几）
          print(d.isoformat())    #iso标准日期格式YYYY-MM-DD

          2022-03-12
          (2022, 10, 6)
          2022-03-12
```

3）datetime 类

datetime 类其实可以看作是 date 类和 time 类的合体，其大部分的方法和属性都继承于这两个类，相关的操作方法请参阅本文上面关于两个类的介绍。其数据构成也是由这两个类所有的属性所组成的。

datetime(year, month, day[, hour[, minute[, second[, microsecond[,tzinfo]]]]])

例 14-14： 获取当前日期和时间。

```
In  [15]:  import datetime as dt
           a=dt.datetime.now() #获取当前时间（年，月，日，时，分，秒，毫秒）
           print(a)
           d=a.date()          #获取当前日期
           print(d)
           t=a.time()          #获取当前时间
           print(t)

           2022-03-12 20:35:34.448169
           2022-03-12
           20:35:34.448169
```

4）timedelta 类

timedelta 类是用来计算两个 datetime 对象的差值的。

此类中包含以下属性：

① days：天数；

② microseconds：微秒数(>=0 并且 <1 秒)；

③ seconds：秒数(>=0 并且 <1 天)。

例 14-15： 获取上一个月的第一天和最后一天的日期。

```
[n  [21]:  import datetime as dt
           today=dt.date.today()    #当前日期
           mfirst_day=dt.date(today.year, today.month-1, 1) #上个月的第一天日期
           mlast_day=dt.date(today.year, today.month, 1)-dt.timedelta(1) #上个月最后一天
           print(today, mfirst_day, mlast_day)

           2022-03-12 2022-02-01 2022-02-28
```

例 14-16： 计算 8 小时后的时间。

```
In  [25]:  import datetime as dt
           t1=dt.datetime.now()        #当前时间
           print(t1+dt.timedelta(hours=8))  #8小时后的时间
```

2022-03-13 05:22:32.352220

注：可以计算：天（days），小时（hours），分（minutes），秒（seconds），微秒（microseconds）。

例14-17：计算上周一和周日的日期。

```
In  [26]:  import datetime as dt
           today=dt.date.today()
           today_weekday=today.isoweekday()   #获取今天是星期几
           last_sunday=today-dt.timedelta(days=today_weekday)
           last_monday=last_sunday-dt.timedelta(days=6)
           print(today, last_sunday, last_monday)
```

2022-03-12 2022-03-06 2022-02-28

3. calendar 模块

calendar 是与日历相关的模块。calendar 模块文件里定义了很多类型，主要有 Calendar，TextCalendar 及 HTMLCalendar 类型。其中，Calendar 是 TextCalendar 与 HTMLCalendar 的基类。该模块文件还对外提供了很多方法，例如，calendar、month、prcal、prmonth 之类的方法。本书主要对 calendar 模块的方法进行介绍。

例14-18：获取指定年份的日历，指定月份的日历。

```
In  [28]:  import calendar
           print(calendar.calendar(2022))   #2022年日历
           print(calendar.month(2022, 3))   #2022年3月日历
```

例14-19：检测年份是否为闰年，检测指定年限内闰年的数量。

```
In  [29]:  import calendar
           year=int(input('请输入年份：'))
           print(calendar.isleap(year))     #判断year是否闰年
           print(calendar.leapdays(2000, 2022)) #计算2000-2022年有几个闰年
```

请输入年份：1978
False
6

序号	函数及描述
1	calendar.calendar(year,w=2,l=1,c=6)
	返回一个多行字符串格式的year年年历，3个月一行，间隔距离为c。每日宽度间隔为w字符。每行长度为21* W+18+2* C。l是每星期行数
2	calendar.firstweekday( )
	返回当前每周起始日期的设置。默认情况下，首次载入caendar模块时返回0，即星期一
3	calendar.isleap(year)
	是闰年返回True，否则为False
4	calendar.leapdays(y1,y2)
	返回在Y1，Y2两年之间的闰年总数
5	calendar.month(year,month,w=2,l=1)
	返回一个多行字符串格式的year年month月日历，两行标题，一周一行。每日宽度间隔为w字符。每行的长度为7* w+6。l是每星期的行数
6	calendar.monthcalendar(year,month)
	返回一个整数的单层嵌套列表。每个子列表装载代表一个星期的整数。Year年month月外的日期都设为0;范围内的日子都由该月第几日表示，从1开始
7	calendar.monthrange(year,month)
	返回两个整数。第一个是该月的星期几的日期码，第二个是该月的日期码。日从0（星期一）到6（星期日）;月从1到12
8	calendar.prcal(year,w=2,l=1,c=6)
	相当于 print calendar.calendar(year,w,l,c)
9	calendar.prmonth(year,month,w=2,l=1)
	相当于 print calendar.calendar (year , w , l , c)
10	calendar.setfirstweekday(weekday)
	设置每周的起始日期码。1（星期一）到7（星期日）
11	calendar.timegm(tupletime)
	和time.gmtime相反：接受一个时间元组形式，返回该时刻的时间辍（1970年纪元后经过的浮点秒数）
12	calendar.weekday(year,month,day)
	返回给定日期的日期码。1（星期一）到7（星期日）。月份为 1（一月）到 12（12月）

14.2　turtle 绘图模块

　　turtle 库，是 Python 用来画图的一个库，这个库里面有很多画图的命令（工具）。用 turtle 库画图就是去控制画笔的运动，画笔运动的轨迹就是画出来的图形。

1. 绘画的步骤

1）绘画前的工具准备

① 画布（画纸）;

② 画笔;

③ 颜料。

2）绘画开始后的动作

① 画笔前进;

② 画笔后退;

③ 画笔拐弯;

④ 画笔涂色。

2. turtle 库绘图工具

1）引入绘图工具包 turtle 库

① 直接引入：import turtle;

② 替代式引用：import turtle as t;

③ 省略式引用：from turtle import *。

考虑到大型程序可能引入多个库（包），会引起函数（方法）重名的情况，建议使用第二种方式引入工具库（包）

2）设置画布、画笔和颜色

（1）设置画布的大小、位置和背景颜色。

画布就是 turtle 展开用于绘图区域，可以设置它的大小和初始位置。

```
turtle.setup(width=0.5, height=0.75, startx=None, starty=None)
```

参数：width, height: 输入宽和高为整数时，表示像素；为小数时，表示占据计算机屏幕的比例。(startx, starty)：这一坐标表示矩形窗口左上角顶点的位置，如果为空，则窗口位于屏幕中心。屏幕坐标左上角是起始点（0,0），x 轴向右为正方向；y 轴向下为正方向。

```
turtle.setup(width,height,startx,starty)
```

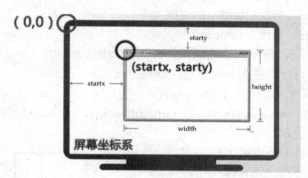

turtle.screensize(canvwidth=None, canvheight=None, bg=None)，参数分别为画布的宽（单位像素）高，背景颜色。

turtle.bgcolor(color)，设置画布背景颜色。

（2）设置画笔的粗细和颜色。

turtle.pencolor("颜色")：没有参数传入，返回当前画笔颜色，传入参数设置画笔颜色，可以是字符串如"green", "red"，也可以是 RGB 三元组。

turtle.pensize（尺寸）

turtle.colormode()：1 为小数模式，255 为整数值模式。

常见的画笔颜色和填充颜色包括 white（白色）、balck（黑色）、red（红色）、green（绿色）、bule（蓝色）、grey（灰色）、purple（紫色）、gold（金色）、darkgreen（深绿色）。颜色既可以用字符串，也可以用 RGB（r,g,b）三元组数值。常见颜色及其 RGB 值如下表所示。

英文名称	RGB 整数值	RGB 小数值	中文名称
white	255,255,255	1,1,1	白色
yellow	255,255,0	1,1,0	黄色
magenta	255,0,255	1,0,1	洋红
cyan	0,255,255	0,1,1	青色
blue	0,0,255	0,0,1	蓝色
black	0,0,0	0,0,0	黑色

3）画笔的运动

画笔状态函数（方法）。

提起画笔：turtle.penup();

放下画笔：turtle.pendown();

隐藏画笔：turtle.hideturtle();

画笔结束后停止：turtle.done().

画笔的运动函数（方法）。

沿着当前方向前进：turtle.forward();

沿着当前方向后退：turtle.backward();

将画笔移动到坐标为 x,y 的位置：t.goto(x,y);

向右旋转（angle）角度：turtle.right();

向左旋转（angle）角度：turtle.left();

绘制一个半径为 r，角度为额的圆弧：turtle. circle(r,e=360);

绘制一个半径为 r，颜色为 c 的原点：turtle.dot(r,c);

设置画笔绘制速度（1-10）：turtle.speed();

对图案填充颜色：turtle.begin_fill()、turtle.fillcolor()、turtle.end_fill()。

3. turtle 库绘图应用

1）画一个正方形（如右图）

思考：右图的正方形是如何构成的？

① 一块白色的画布；

② 由四条等长线段组成；

③ 每一条线段之间有一个 90° 转角；

④ 线条的颜色是红色；

⑤ 线条有一定的宽度。

第一步：设定画布（默认白色，画布占屏幕宽和高各一半）。

```
import turtle as t
t.setup()
```

第二步：画一条线段。

第三步：画第二条线段，但是有一个 90° 角。

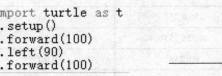

```
import turtle as t
t.setup()
t.forward(100)
t.left(90)
t.forward(100)
```

第四步：继续画另外两条线段。

```
import turtle as t
t.setup()
for i in range(4):
    t.forward(100)
    t.left(90)
```

第五步：改变线段颜色为红色。

第六步：改变线段粗细。

第七步：隐藏画笔。

```
import turtle as t
t.setup()
t.pencolor('red')
t.pensize(5)
for i in range(4):
    t.forward(100)
    t.left(90)
t.hideturtle()
```

思考：如何绘制任意正多边形？

2）绘制多个圆（如右图）

第一步：绘制一个圆。

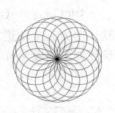

```
import turtle as t
t.setup()    #画布有默认值，可以省略
t.circle(100)
```

第二步：绘制 5 个圆。

```
import turtle as t
t.setup()
for i in range(5):
    t.circle(100)
    t.left(360/5)
```

第三步：绘制 18 个圆。

```
import turtle as t
t.setup()
for i in range(18):
    t.circle(100)
    t.left(360/18)
```

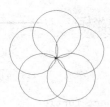

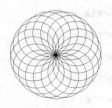

3）坐标系

海龟作图的坐标系和数学的平面直角坐标系一样，初始点为（0，0），在画布正中间。

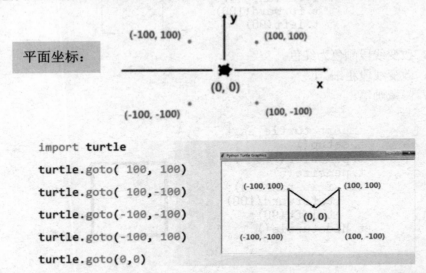

海龟默认前方为 x 轴正方向，向左转为向 y 轴正方向。可以用 turtle.seth(angle) 设置绝对角度，参照如下角度坐标系。也可以使用相对坐标系（海龟坐标），进行左右角度旋转。

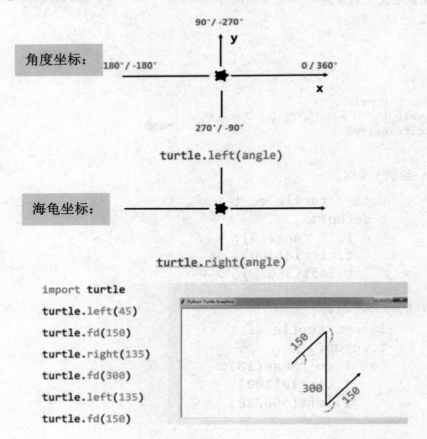

4）绘制彩色五角星（如右图）

思路：五角星的画法是每次偏移 144°画 5 条直线围成五角星，通过数学计算即可算出，原点为初始位置。

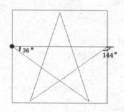

```
import turtle as t        # 取得一支画笔，取名叫t
t.pensize(5)              # 设置画笔的粗细为5个像素
t.pencolor("yellow")      # 设置画笔的颜色为黄色
t.fillcolor("red")        # 设置填充的颜色为红色
t.begin_fill()            # 开始填充
for i in range(5):        # 五角星 5 条边，需要循环5次
    t.forward(200)        # 画笔前进200像素
    t.right(144)          # 画笔右转144度
t.end_fill()              # 结束填充
```

5）绘制绚烂六边形（如右图）

分析：

① 绚烂六边形的基础是六边形；

② 每一条边的颜色不一样；

③ 六边形边长在不断变大；

④ 六边形的角度不是正六边形的 60°；

⑤ 六边形的边在不断变粗。

第一步：绘制六边形。

```
for i in range(6):
    t.forward(100)
    t.left(360/6)
```

第二步：绘制不同颜色的六边形。

```
colors=['red','yellow','blue','orange','green','purple']
for i in range(6):
    t.pencolor(colors[i])
    t.forward(100)
    t.left(360/6)
```

第三步：六边形边长逐渐变大，增加黑色背景。

```
t.bgcolor('black')
colors=['red','yellow','blue','orange','green','purple']
for i in range(100):
    t.pencolor(colors[i%6])
    t.forward(i*1.2)
    t.left(360/6)
```

第四步：六边形逐渐改变角度。

```
t.bgcolor('black')
colors=['red','yellow','blue','orange','green','purple']
for i in range(100):
    t.pencolor(colors[i%6])
    t.forward(i*1.2)
    t.left(360/6+1)
```

第五步：六边形的边逐渐变粗。

```
t.bgcolor('black')
colors=['red','yellow','blue','orange','green','purple']
for i in range(100):
    t.pencolor(colors[i%6])
    t.forward(i*1.2)
    t.left(360/6+1)
    t.pensize(i*6/200)
```

思考：可以画绚烂七边形吗？八边形呢？

6）turtle 库可以绘制大量有趣的二维图形

14.3 小　结

本章介绍了常用基础日期、时间库：time、datetime 和 calenda，以及二维绘图工具库：turtle。本章结构如下：

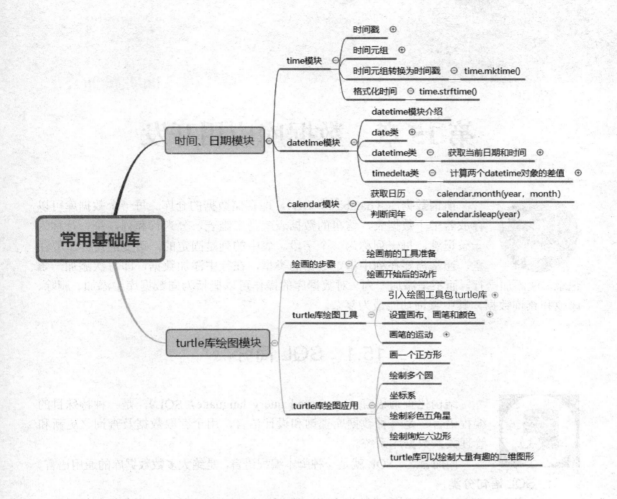

第 15 章　数据库应用开发

　　所谓数据库（database，DB），即存储数据的仓库。每一个数据库可以存放若干个数据表，这里的数据表就是二维表，分为行和列，每一行称为一条记录，每一列称为一个字段。表中的列是固定的，可变的是行。要注意，通常需要在列中指定数据的类型，在行中添加数据，即每次添加一条记录，就添加一行，而不是添加一列。对数据库的操作可以概括为向数据库中添加、删除、修改和查询数据，其中查询功能最为复杂。

15.1　SQL 简介

　　结构化查询语言（structured query language，SQL），是一种特殊目的编程语言，是一种数据库查询和设计语言，用于存取数据及查询、更新和管理关系数据库系统。

　　简而言之，SQL 就是一种脚本编程语言，是绝大多数据库的通用语言。

1. SQL 语句分类

SQL 共有 4 类语言，分别完成数据定义、数据操作、数据库控制和事务控制的功能。

（1）数据定义语言（data definition language，DDL）。主要是对数据库中的表及表中的列等的定义和操作。

（2）数据操作语言（data manipulation language，DML）。对数据库里的表中数据进行增删改查等操作的语言。

（3）数据库控制语言（data control language，DCL）。

（4）事务控制语言（transaction control language，TCL）。

其中 DDL 和 DML 是最常用的语言，是重中之重，其他两种忽略。

2. SQL 的作用

① SQL 面向数据库执行查询。

② SQL 可在数据库中插入新的记录。

③ SQL 可更新数据库中的数据。

④ SQL 可从数据库删除记录。

⑤ SQL 可在数据库中创建新表。

⑥ SQL 可在数据库中创建视图。

15.2　SQLite 数据库

SQLite 是一款轻型的嵌入式数据库，由 D.Richard Hipp 在 2000 年发布。占用资源极低，这是它受人青睐的原因之一，在嵌入式设备（如手机）中只需要几百 K 的内存即可。它不仅支持数据库通用的增删改查，还支持事务功能，功能还比较强大。

SQLite 数据库实际上就是一个文件，这个文件的后缀名通常是.db，database 的缩写，它的第一个版本诞生于 2000 年，最近版本为 SQLite3。

除了 SQLite 数据库，还有其他几种常见的数据库，如 Oracle、SQL Server、MySQL 等。SQLite 作为入门来学习数据库，因为它搭建非常简单，极容易上手。与之相比，其他数据库都需安装、配置、启动服务等操作。而 Python 在标准库已经自带了这种数据库。

下图是一个 SQLite 数据库的实例。

1. SQLite 中的数据类型

数据库是存储数据的，它自然会对数据的类型进行划分，SQLite 划分有 5 种数据类型（不区分大小写）。

① NULL 类型，取值为 NULL，表示没有或者为空。

② INTERGER 类型，取值为带符号的整数，即可为负整数。

③ REAL 类型，取值为浮点数。

④ TEXT 类型，取值是字符串。

⑤ BLOB 类型，是一个二进制的数据块，即字节串，可用于存放纯二进制数据，如图片。

2. SQLite 命令

与关系数据库进行交互的标准 SQLite 命令类似于 SQL。命令包括 CREATE、SELECT、INSERT、UPDATE、DELETE 和 DROP。这些命令基于它们的操作性质可分为以下几种。

1）DDL——数据定义语言

简单地说，就是用来创建表、删除表，或者修改表的定义。需要了解以下 3 个概念。

① 表：可以理解为通常所说的二维表，分为横纵（行列），用于存放数据。

② 字段：表中的列名。

③ 主键：一种特殊的列，每一行数据的主键不能相同，是这一行数据的唯一标识，就像人的身份证号。

下表为 SQL 中的 3 个 DDL 语言命令。

命令	描述
CREATE	创建一个新的表，一个表的视图，或者数据库中的其他对象
ALTER	修改数据库中的某个已有的数据库对象，如一个表
DROP	删除整个表，或者表的视图，或者数据库中的其他对象

例 15-1：创建表。

create table 表名称（列名 1 类型 配置，列名 2 类型 配置，列名 3 类型 配置……）；

注意：SQL 语言是不区分大小写的，create 也可以写成 CREATE。另外，每一句 SQL 语句后面都需要一个"；"号结尾。

```
1  create table contacts (
2      id integer primary key autoincrement,
3      name text not null ,
4      phone text not null default 'unknow');
```

上面的 DDL 语句创建了一个叫 contacts 的表，并且定义了 3 个列，分别是 id、name 和 phone，并且给每一个列定义了数据类型，分别是 integer、text、text，这表明，id 只能是一个整数，name 和 phone 只能是字符串。

除了这些，还对每一个列做了一些配置，或者叫约束。

① primary key autoincrement：指将 id 这个列定义为主键，并且从 1 开始自动增长，也就是说 id 这个列不需要人为地手动去插入数据，它会自动增长。

② not null：指明这一列不能为空，当插入数据时，如果不插入 name 或者 phone 的值，那么就会报错，无法完成这一次插入。

③ default 'unknow'：default 关键字代表设置默认值，这里指定它默认值是字符串 'unkonw'，当不插入这一列数据时，默认就是这个值。此处写法是有些多余的，它与 not null 一起用是没有意义的，因为 not null 已经指明这一列必须插入，不可能为 null，那就不需要默认值了，当然，此处只是为了演示 default 的用法。

注意：当 Python 程序运行建表语句时，如果表已经存在了，再去创建一遍会报错崩溃，因为程序第一次运行时执行了一遍建表语句，第 2 次、第 3 次……去执行，表已经在第 1 次的时候就创建了，这时就会报错崩溃了。因此通常需要在建表语句中加入一个 if not exists 判断，判断这个表是否存在。

```
1  create table if not exists stu_info(
2      id integer primary key autoincrement,
3      name text not null,
4      number text);
```

例 15-2：删除表。

```
1       drop table 表名称;
2       drop table if exists 表名称;
```

例 15-3：修改表。

```
1   /* 修改表名称 */
2   alter table 原表名 rename to 新表名;
3
4   /* 添加新列 */
5   'alter table 表名称 add column 列名 类型 配置
```

```
1   alter table contacts rename to students;
2   /* 添加字段，分多次添加 */
3   alter table contacts add column 'email text;
4   alter table contacts add column qq text not null;
```

在 SQLite3 中需要特别注意，由于它对 SQL 语句支持得不够彻底，因此不能一次添加多个字段，只能一次添加一个，如有多个字段需要添加，则需要多次执行添加语句，一次添加一个。

2）DML——数据操作语言

对数据库里的表数据进行相应的增、删、改、查的操作。注意，这里是表中的数据，而 DDL 则是对表的结构进行创建或修改，注意区分。

命令	描述
INSERT	创建一条记录
UPDATE	修改记录
DELETE	删除记录
SELECT	从一个或多个表中检索某些记录

例 15-4：添加数据。

```
1   #想要插入的字段和值的顺序要一一对应起来
2   insert into 表名称 （字段1，字段2，字段3……） values （被插入的值1，值2，值3……）
3
4   insert into 表名称   values（值1，值2，值3……）
```

注意：使用简略的语句，必须插入全部字段，顺序对应，不能遗漏一个。

```
1   insert into stu_info (name,number,age) values("zhangsan","20171220",20);
```

例 15-5：删除数据。

```
1  delete  from  表名称  where 字段 = 条件；
2
3  # 用于删除表中所有数据，但不删除表
4  delete from 表名  或者  delete * from 表名
```

```
1  delete from stu_info  where number = "20171221";
```

例 15-6：修改数据。

```
1  update 表名称  set 字段1=值1，字段2=值2，…… where 字段 = 条件；
```

注意：此处值是要修改的值，此语句可用来修改满足条件的一行或多行。

```
1  update stu_info set name = "zhangsan",age=10  where number = "20171221";
```

例 15-7：查询数据。

```
1  #查询的字段就是你要查询的列名，用* 可表示查询全部字段
2  select 查询的字段 from 表名称 where 字段 = 条件；
3
4  #查询整张表的所有数据
5  select * from 表名称；
```

```
1  select * from  food_types  where name = "apple"
```

例 15-8：多表查询。

如果两张表有关系，例如，一张表是班干部表，记录了所有班干部，另一张表是全体学生表，记录每一个学生的情况，那么显然这两种表是有关系的。因为一个人既可以在学生表中，也可以在班干部表中。如果在班干部表中查到了他的学号，那么就可以用这个学号再去全体学生表中查出他的全部信息，包括考试成绩等，这就是所谓的多表查询。

```
1  select table1.abc from table1,table2 where table1.xxx=table2.xxx;
```

或者等价于

```
1  select table1.abc from table1 inner join table2 on table1.xxx=table2.xxx;
```

注意：在 SQL 语句中，text 类型的字符串常量需要用单引号或者双引号括起来，推荐使用单引号。

```
1  select * from stu_info where name = 'zhangsan'
```

15.3　Python 中的 SQLite

1. 操作 SQLite

操作该数据库的大致步骤就是链接数据库，然后对数据库进行增删改查等操作即可。操作步骤如下。

① 导入模块。

② 链接数据库，返回链接对象。

③ 调用链接对象的 execute()方法，执行 SQL 语句，进行增删改的操作，如进行了增添或者修改数据的操作，需调用 commit()方法提交修改才能生效；execute()方法也可用于执行 DDL 语句进行创建表的操作。

④ 调用链接对象的 cursor()方法，返回游标对象，然后调用游标对象的 execute()方法执行查询语句，查询数据库。

⑤ 关闭链接对象和游标对象。

例 15-9：Python 中用 SQLite 创建一个数据库 my_test.db，然后在数据库中创建一张 student_info 表，包含：id、name、age、address 属性。插入数据，并保存。然后查询该表的信息并打印出来，最后关闭数据库。

（1）导入模块。

```
# 导入模块
import sqlite3
```

（2）连接数据库，返回连接对象。

```
# 链接数据库，返回链接对象
conn = sqlite3.connect("D:/my_test.db")
```

（3）创建 student_info 表。

```
# 调用链接对象的execute()方法，执行SQL语句
# (此处执行的是DDL语句，创建一个叫students_info的表)
conn.execute("""create table if not exists students_info (
id integer primary key autoincrement,
name text,
age integer,
address text)""")
```

（4）插入数据，提交保存。

```
# 插入两条数据
conn.execute("insert into students_info (name,age,address) values ('Tom', 18, '北京东路'),\
        ('Jack',19,'北京朝阳东路')")

# 增添或者修改数据只会必须要提交才能生效
conn.commit()
```

（5）查询 student_info 表。

```
# 调用链接对象的cursor()方法返回游标对象
cursor = conn.cursor()

# 调用游标对象的execute()方法执行查询语句
cursor.execute("select * from students_info")
```

（6）通过游标对象取出查询结果，并打印出来。

```
# 执行了查询语句后，查询的结果会保存到游标对象中，调用游标对象的方法可获取查询结果
# 此处调用fetchall方法返回一个列表，列表中存放的是元组，
# 每一个元组就是数据表中的一行数据
result = cursor.fetchall()

#遍历所有结果，并打印
for row in result:
    print(row)
```

（7）关闭游标和数据库。

```
#关闭
cursor.close()
conn.close()
```

（8）执行结果如下：（插入了两条数据）。

```
(1, 'Tom', 18, '北京东路')
(2, 'Jack', 19, '北京朝阳东路')
```

2. 游标对象

调用链接对象的 cursor()方法可以得到一个游标对象，那么游标到底是什么呢？其实可以把游标理解为一个指针，如下图：

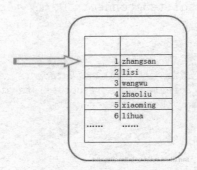

图中的指针就是游标 cursor，假设右边的表就是查询到的结果，那么可以调用游标对象的 fetchone()方法移动游标指针，每调用一次 fetchone()方法就可以将游标指针向下移动一行，第一次调用 fetchone()方法时，将游标从默认位置移动到第一行。

例 15-10：用游标从例 9 创建的 students_info 表中，取出并打印数据。

```
In [12]: import sqlite3
         conn=sqlite3.connect('d:/my_test.db')
         cursor=conn.cursor()
         cursor.execute('select * from students_info')
         # 将游标移动到第一行
         row = cursor.fetchone()
         # 如果返回的结果集第一行有数据，进入循环
         while row != None:
             # 打印第一行结果
             print(row)
         # 将游标指针向下再移动一行
             row = cursor.fetchone()
```

实际上执行完查询语句之后，所有的查询结果已经保存到 cursor 对象中，可以直接遍历 cursor 对象，与上面的调用 fetchall()方法类似，区别就是调用 fetchall()方法借助了列表，可以调用一些列表的函数对查询结果进行操作。

例 15-11：直接变量游标对象，并打印。

```
In [13]: #调用游标对象的execute()方法执行查询语句
         cursor.execute("select * from students_info")

         #直接遍历cursor对象，并打印
         for row in cursor:
             print(row)
```

15.4　小　　结

本章讲授了数据库 SQL 的基础知识，介绍了 Python 自带的 SQLite 的应用，结构如下：

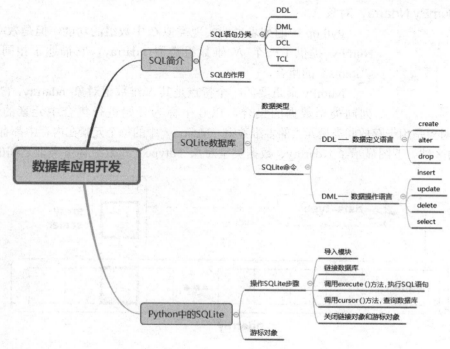

第16章 NumPy 数组与矩阵运算

NumPy 是一个 Python 的第三方包，表示"numeric Python"。NumPy 是一个由多维数组对象和用于处理数组的例程集合组成的库。NumPy 库是 Python 进行科学计算的基础库，它由多维数组对象组成，包含数学运算、逻辑运算、形状操作、排序、选择、I/O、离散傅里叶变换、基本线性代数、基本统计运算、随机模拟等功能。

NumPy 通常与 SciPy（scientific Python）和 Matplotlib（绘图库）一起使用，这种组合广泛用于替代 MatLab，是一个强大的科学计算环境，有助于通过 Python 学习数据科学或者机器学习。

NumPy 官网 http://www.numpy.org/。

NumPy 源代码：https://github.com/numpy/numpy。

16.1 NumPy 数组及其运算

1. NumPy Ndarray 对象

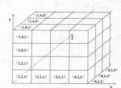

Python 中的列表也能实现类似 C 中数组的功能，但是效率极低。NumPy 提供了一个 N 维数组类型 ndarray，它描述了相同类型的"items"的集合。

NumPy 最重要的一个特点是其 N 维数组对象 ndarray，它是一系列同类型数据的集合，以 0 下标为开始进行集合中元素的索引。Ndarray 对象是用于存放同类型元素的多维数组。Ndarray 中的每个元素在内存中都有相同存储大小的区域。下图显示了 Ndarray、数据类型对象（dtype）和数组标量类型之间的关系。

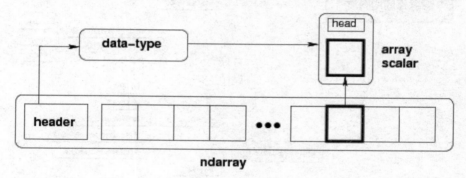

一个 Ndarray 的 header 包含：数据类型 dtype、数组形状 shape、跨度元组 stribe（前进到当前维度下一个元素需要"跨过"的字节数）。跨度可以是负数，这样会使数组在内存中后向移动，切片中 obj[::-1] 或 obj[:,::-1] 就是如此。

2. 创建数组

创建一个 Ndarray 只需调用 NumPy 的 array 函数即可：

$$numpy.array(object, dtype = None, copy = True,$$
$$order = None, subok = False, ndmin = 0)$$

参数说明：

名称	描述
object	数组或嵌套的数列
dtype	数组元素的数据类型，可选
copy	对象是否需要复制，可选
order	创建数组的样式，C 为行方向，F 为列方向，A 为任意方向（默认）
subok	默认返回一个与基类类型一致的数组
ndmin	指定生成数组的最小维度

例 16-1：创建一个一维数组、二维数组。

```
In [5]: import numpy as np
        a=np.array([1,2,3])         #一维数组
        b=np.array([[1,2,3],[4,5,6]])  #二维数组
        print(a)
        print(b)

        [1 2 3]
        [[1 2 3]
         [4 5 6]]
```

例 16-2：使用 dtype、ndmin 指定数组参数。

```
In [6]: import numpy as np
        a=np.array([1,2,3,4,5],ndmin=2)    #指定产生二维数组
        b=np.array([1,2,3],dtype=complex)  #指定数据类型为complex
        print(a)
        print(b)

        [[1 2 3 4 5]]
        [1.+0.j 2.+0.j 3.+0.j]
```

例 16-3：使用 arange 方法创建数组。

```
In [8]: import numpy as np
        a=np.arange(8)   #类似于内置函数range()
        b=np.arange(1,10,3)
        print(a)
        print(b)

        [0 1 2 3 4 5 6 7]
        [1 4 7]
```

例 16-4：使用 linspace 方法创建等差数列数组。

```
In [10]:  import numpy as np
          a=np.linspace(1,10,10)   #等差数组，包含10个数
          b=np.linspace(1,10,10,endpoint=False)   #不包含终点
          print(a)
          print(b)

          [ 1.  2.  3.  4.  5.  6.  7.  8.  9. 10.]
          [1.  1.9 2.8 3.7 4.6 5.5 6.4 7.3 8.2 9.1]
```

例 16-5：使用 logspace 方法创建等比数列数组。

注：np.logspace（start=开始值，stop=结束值，num=元素个数，base=指定对数的底，endpoint=是否包含结束值）。

```
In [18]:  import numpy as np
          a=np.logspace(1,7,4)   #等比数列数组，基数默认为10,
          b=np.logspace(1,9,5,base=2)   #基数为2
          print(a)
          print(b)

          [1.e+01 1.e+03 1.e+05 1.e+07]
          [  2.   8.  32. 128. 512.]
```

例 16-6：创建特殊数组。

```
In [35]:  import numpy as np
          print(np.zeros(3),np.ones(4))   #全0一维数组、全1一维数组
          print(np.zeros((3,2)),np.ones((3,2)),sep='\n')   #同上，二维
          print(np.identity(2))   #单位矩阵
          print(np.empty((3,2)))   #空数组，只申请空间，不初始化，其中元素不确定
          print(np.diag([1,2,3,4]))   #对角矩阵
```

```
In [41]:  import numpy as np
          print(np.hamming(10))   #hamming窗口
          print(np.blackman(10))   #blackman窗口
          print(np.kaiser(12,5))   #kaiser窗口
          print(np.random.randint(0,50,5))   #随机数组，5个0~50之间的数字
          print(np.random.randint(0,50,(3,5)))   #3行5列随机数组
          print(np.random.rand(10))   #10个0-1之间的随机数
          print(np.random.standard_normal(10))   #从标准正态分布中随机采样10个数字
```

3. 数组的属性

NumPy 数组的维数称为秩（rank），秩就是轴的数量，即数组的维度，一维数组的秩为 1，二维数组的秩为 2，以此类推。在 NumPy 中，每一个线性的数组称为是一个轴（axis），也就是维度（dimensions）。例如，二维数组相当于是两个一维数组，其中第一个一维数组中每个元素又是一个一维数组。所以一维数组就是 NumPy 中的轴（axis），第一个轴相当于是底层数组，第二个轴是底层数组里的数组。而轴的数量——秩，就是数组的维数。

很多时候可以声明 axis。axis=0，表示沿着第 0 轴进行操作，即对每一列进行操作；axis=1，表示沿着第 1 轴进行操作，即对每一行进行操作。NumPy 的数组中比较重要的 ndarray 对象属性有：

属性	说明
ndarray.ndim	秩，即轴的数量或维度的数量
ndarray.shape	数组的维度，对于矩阵，为 n 行 m 列
ndarray.size	数组元素的总个数，相当于.shape 中 n*m 的值
ndarray.dtype	ndarray 对象的元素类型
ndarray.itemsize	ndarray 对象中每个元素的大小，以字节为单位

例 16-7：查看、修改数组的属性。

```
In  [5]:  import numpy as np
          a=np.arange(10)  #创建一维数组
          print(a.ndim,a.shape,a.size,a.dtype,a.itemsize)
          #b=a.reshape((2,5))
          a.shape=(2,5)  #改为二维数组
          print(a.ndim,a.shape,a.size,a.dtype,a.itemsize)
```

```
1 (10,) 10 int32 4
2 (2, 5) 10 int32 4
```

4. 测试两个数组对应元素是否足够接近

NumPy 库中提供了 allclose()和 isclose()来判断两个数组中元素在误差范围内是否相等。rtol 表示相对误差，atol 表示绝对误差。区别是：allclose()产生一个 bool 值，isclose()判断每一个元素的 bool 值。

例 16-8：生成两个相近的数组并比较。

```
In  [43]:  import numpy as np
           a=np.array([1,2,3,4.01,5])
           b=np.array([1.01,2.01,2.99,4,5])
           print(np.allclose(a,b))  #判断a，b两个数组是否相近
           print(np.allclose(a,b,rtol=0.1),np.allclose(a,b,atol=0.1))
           print(np.isclose(a,b),np.isclose(a,b,rtol=0.1))
```

```
False
True True
[False False False False  True] [ True  True  True  True  True]
```

5. 修改数组中的元素

NumPy 支持多种方式修改数组中的元素值，使用库里的 append()、insert()函数可在原数组上追加或插入元素产生新数组，也可用下标和切片的方式直接修改数组的一个或多个元素。

例 16-9：对数组进行插入、追加操作（原数组不变）。

```
In  [14]:  import numpy as np
           x=np.arange(8)
           x=np.append(x,[9,10])  #产生一个新数组，原数组不变
           print(np.insert(x,8,8))
           print(x)
```

```
[ 0  1  2  3  4  5  6  7  8  9 10]
[ 0  1  2  3  4  5  6  7  9 10]
```

例 **16-10**：修改数组的值。

```
In  [20]:  import numpy as np
           a=np. arange(1, 10)
           a. shape=3, 3
           a[1, 1]=100          #修改一个元素
           a[0:, 2:]=200        #使用切片修改多个位置为同一元素
           a[2:, :2]=[10, 11]   #使用切片修改多个元素
           print(a)
```

```
[[  1   2 200]
 [  4 100 200]
 [ 10  11 200]]
```

6. 数组与标量运算

NumPy 中的数组支持与标量进行+、-、*、/、%、//、**运算，计算结果为一个新数组，其中每一个元素为标量与原数组中每一个元素运算的结果。

例 **16-11**：标量与数组的运算。

```
In  [27]:  import numpy as np
           a=np. array((1, 2, 3, 4, 5))
           print(a, a*2, a**2)
           print(a, 2*a, 2**a)    #注意标量前后运算结果是不同的
           print(a/2, 2/a)
           print(a%3, 3%a)
```

```
[1 2 3 4 5] [ 2  4  6  8 10] [ 1  4  9 16 25]
[1 2 3 4 5] [ 2  4  6  8 10] [ 2  4  8 16 32]
[0.5 1.   1.5 2.   2.5] [2.         1.         0.66666667 0.5        0.4       ]
[1 2 0 1 2] [0 1 0 3 3]
```

7. 数组与数组的运算

结构和大小相同的数组进行运算，对应位置元素分别进行运算；当数组大小不一致时，如果满足广播要求，进行广播运算，否则报错。

例 **16-12**：数组之间进行运算。

```
In  [36]:  import numpy as np
           a, b=np. array([1, 2, 3, 4, 5]), np. arange(5, 0, -1)
           print(a, b, a+b, a**b)    #同维数组运算
           a=np. array(([1, 2, 3], [4, 5, 6], [7, 8, 9]))
           print(a, a*np. array([2, 3, 4]), sep='\n') #符合广播运算的不同维数组运算
```

```
[1 2 3 4 5] [5 4 3 2 1] [6 6 6 6 6] [ 1 16 27 16  5]
[[1 2 3]
 [4 5 6]
 [7 8 9]]
[[ 2  6 12]
 [ 8 15 24]
 [14 24 36]]
```

注：广播运算，如下例所示，b 数组先纵向广播成与 a 数组相同结构（4*3）的数据，然后执行加法运算。

```
In [1]: import numpy as np
        a=np.array([[0, 0, 0], [10, 10, 10], [20, 20, 20], [30, 30, 30]])
        b=np.array([0, 1, 2])
        print(a+b)    #先广播，然后与a对应数据相加
```

```
[[ 0  1  2]
 [10 11 12]
 [20 21 22]
 [30 31 32]]
```

广播运算过程：

8. 数组排序

NumPy 提供了 argsort()返回排序后的原数组的坐标值，argmax()和 argmin()分别返回原数组中的最大值和最小值的坐标（下标），也可以使用原地排序的方法 sort()。

例 16-13：使用 NumPy 的排序函数。

```
In [48]: import numpy as np
         a=np.array([3, 1, 2])
         b=a.argsort()        #排序后数据对应的下标
         print(a, b, a[b])
         print(a.argmax(), a[a.argmax()], np.argmin(a), a[np.argmin(a)])
```

```
[3 1 2] [1 2 0] [1 2 3]
0 3 1 1
[[8 9 3]
 [2 6 6]
 [4 8 4]]
```

例 16-14：使用数组的 sort 方法原地排序。

```
In [49]: import numpy as np
         x=np.random.randint(1, 10, (3, 4))
         print(x)
         x.sort(axis=0)       #纵向排列，axis=1表示横向排列
         print(x)
```

```
[[5 4 7 6]
 [9 5 1 4]
 [5 7 6 7]]
[[5 4 1 4]
 [5 5 6 6]
 [9 7 7 7]]
```

9. 数组的内积

内积表示两个等长数组对应位置元素乘积之和，NumPy 提供了 dot()函数计算内积，数组对象也可以用 dot()方法实现内积，当然也可以用 sum()计算内积。

例 16-15：多种方法计算两个数组的内积。

```
In [53]: import numpy as np
         a=np.array([1, 2, 3])
         b=np.array([4, 5, 6])
         print(np.dot(a, b), a.dot(b), b.dot(a), sum(a*b))
```

```
32 32 32 32
```

10. 数组元素的读取

数组元素的读取可以使用列表相似的下标和切片操作完成。

例 16-16: 多维数组的数据读取。

```
In [19]: import numpy as np
         a=np.arange(20).reshape((4,5))  #生成3*3数组
         print(a,a[1],a[1,1],a[1][1])
         print(a[[0,2]],a[[2,1,0],[0,1,2]])  #第一个参数是表示行
         print(a[::2,::2],a[1::2,[2,4]],a[::-1],a[2,2:],a[:3,3])
```

```
[[ 0  1  2  3  4]
 [ 5  6  7  8  9]
 [10 11 12 13 14]
 [15 16 17 18 19]] [5 6 7 8 9] 6 6
[[ 0  1  2  3  4]
 [10 11 12 13 14]] [10  6  2]
[[ 0  2  4]
 [10 12 14]] [[ 7  9]
 [17 19]] [[15 16 17 18 19]
 [10 11 12 13 14]
 [ 5  6  7  8  9]
 [ 0  1  2  3  4]] [12 13 14] [ 3  8 13]
```

11. 数组参与函数运算

NumPy 提供了大量能对数组所有元素进行同样计算的函数，返回新数组，处理速度比循环快得多。

例 16-17: 数组作为参数应用于 NumPy 函数。

```
In [22]: import numpy as np
         x=np.arange(1,10)
         print(np.sin(x))
         x.shape=3,3
         print(x,np.cos(x))
         print(np.round(np.cos(x)),np.ceil(x/2))
```

```
[ 0.84147098  0.90929743  0.14112001 -0.7568025  -0.95892427 -0.2794155
  0.6569866   0.98935825  0.41211849]
[[1 2 3]
 [4 5 6]
 [7 8 9]] [[ 0.54030231 -0.41614684 -0.9899925 ]
 [-0.65364362  0.28366219  0.96017029]
 [ 0.75390225 -0.14550003 -0.91113026]]
[[ 1. -0. -1.]
 [-1.  0.  1.]
 [ 1. -0. -1.]] [[1. 1. 2.]
 [2. 3. 3.]
 [4. 4. 5.]]
```

12. 改变数组形状

NumPy 提供了 reshape()和 resize()两种方法来修改数组形状，reshape()返回新数组但不能改变数组中的元素总数量，resize()对数组原地修改并可以改变元素总数量，适当的时候填 0 或者舍弃部分元素，另外数组的 shape 属性也可以原地修改数组属性。

注：NumPy 中也有相应的函数对应这两个方法。

例 16-18: 多种方法实现修改数组的形状。

```
In [35]: import numpy as np
         a=np.arange(1, 13)
         print(a.reshape(3, 4), a)    #用reshape（）方法修改a形状，产生新数组输出，原数组不变
         a.shape=2, 6
         print(a, a.size)
         a.resize(3, 3)    #用resize（）方法原地修改a结构
         print(a)
```

```
[[ 1  2  3  4]
 [ 5  6  7  8]
 [ 9 10 11 12]] [ 1  2  3  4  5  6  7  8  9 10 11 12]
[[ 1  2  3  4  5  6]
 [ 7  8  9 10 11 12]] 12
[[1 2 3]
 [4 5 6]
 [7 8 9]]
```

13. 数组的 bool 运算

数组除了可以进行算术运算，还可以进行关系运算，与标量或者等长数组对应位置元素进行关系运算得到 bool 值。此外，数组也支持包含 bool 值的等长数组作为下标访问数组元素。

例 16-19：数组与标量的比较，数组与数组的比较。

```
In [66]: import numpy as np
         x=np.random.randint(0, 10, 5)
         print(x, x>=3, x[x>=3], x[(x>3) & (x<8)])
         print(np.all(x>5), np.any(x>5))  #测试是否x数组全部大于5；是否有一个元素大于5
         y=np.array([8, 6, 4, 2, 1])
         print(x>y, x==y, x[x>y])    #x数组与y数组的比较
         print(x[(x%2==0) | (x>5)])
```

```
[7 6 1 8 4] [ True  True False  True  True] [7 6 8 4] [7 6 4]
False True
[False False False  True  True] [False  True False False False] [8 4]
[7 6 8 4]
```

14. 分段函数

NumPy 提供了 where()和 piecewise()两个函数支持不同条件下对数组分段处理，其中 where()函数适合对原数组进行"二值化"处理，相当于 if-else-；piecewise()实现多种不同条件下的分段处理。

例 16-20：对数组进行不同条件分段处理。

```
In [2]: import numpy as np
        a=np.random.randint(0, 10, 6)
        print(a, np.where(a>5, 1, 0))    #相当于if a>5  print（1） else  print（0）
        a.resize((2, 4))
        print(a, np.where(a>5, 1, 0))
        print(np.piecewise(a, [a<3, a>7], [lambda x:x*2, lambda x:x*3]))  #两个条件
        print(np.piecewise(a, (a<3, (3<=a) & (a<7), a>7), (-1, 1, lambda x:x*4)))
```

```
[6 9 8 4 6 5] [1 1 1 0 1 0]
[[6 9 8 4]
 [6 5 0 0]] [[1 1 1 0]
 [1 0 0 0]]
[[ 0 27 24  0]
 [ 0  0  0  0]]
[[ 1 36 32  1]
 [ 1  1 -1 -1]]
```

15. 数组的堆叠与合并

堆叠数组是指沿着指定方向把多个数组合并到一起，NumPy 提供了 hstack()和 vstack()实现水平堆叠和垂直堆叠。concatenate()函数也可以通过指定参数 axis 设置按照哪个维度进行合并，默认为 0（行合并）。

例 16-21：一维、二维数组堆叠的应用。

```
In  [10]:  import numpy as np
           a=np.array([1,2,3])
           b=np.array([4,5,6])
           print(np.vstack((a,b)),np.hstack((a,b)))   #一维数组的堆叠
           c=np.arange(1,5).reshape(2,2)
           d=np.array([[5],[6]])
           print(c,d,np.concatenate((c,d),axis=1))   #二维数组按列的堆叠
```

```
[[1 2 3]
 [4 5 6]] [1 2 3 4 5 6]
[[1 2]
 [3 4]] [[5]
 [6]] [[1 2 5]
 [3 4 6]]
```

16.2 矩　　阵

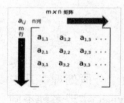

在数学上，矩阵（Matrix）是指纵横排列的二维数据表格，最早来自于方程组的系数及常数所构成的方阵。矩阵与数组的区别包括：① 矩阵是数学运算的概念，数组是数据存储的方式；② 矩阵只能包括数字，数组可以包含任意类型数据；③ 矩阵是二维的，数组可以是任意维的；④ 乘法、幂运算等运算规则不同。

1. 生成矩阵

NumPy 提供了 matrix()函数，可以把列表、元组、range()对象等 Python 可迭代对象转换为矩阵。

例 16-22：创建矩阵。

```
In  [19]:  import numpy as np
           x=np.matrix([[1,2,3],[4,5,6]])
           y=np.matrix([1,2,3,4])
           print(x,x[1,1],y,y[0,1],type(y))
```

```
[[1 2 3]
 [4 5 6]] 5 [[1 2 3 4]] 2 <class 'numpy.matrix'>
```

2. 矩阵转置

矩阵转置是指对矩阵的行和列互换得到新矩阵，一个 $n \times m$ 矩阵转置后得到 $m \times n$ 的矩阵，NumPy 矩阵对象的属性 T 能实现转置功能。

例 16-23：矩阵的转置。

```
In  [21]:  import numpy as np
           x=np.matrix([[1,2,3],[4,5,6]])
           y=np.matrix([1,2,3,4])
           print(x.T,y.T,sep=' \n')
```

```
[[1 4]
 [2 5]
 [3 6]]
[[1]
 [2]
 [3]
 [4]]
```

3. 矩阵特征

这里的矩阵特征主要指：最大值、最小值、元素求和、平均值等，NumPy 为矩阵提供了相应的 max()、min()、sum()、mean()等方法，支持用 axis 参数来指定运算方向，axis=0表示纵向，axis=1 表示横向。

例 16-24：查看矩阵的各种特征。

```
In  [17]:  import numpy as np
           x=np.matrix([[1,2,3],[4,5,6]])
           print(x.sum(),x.max(),x.min(),x.mean())
           print(x.sum(axis=0),x.max(axis=0),x.min(axis=1))
           print(x.mean(axis=1),x.mean(axis=1).shape)
           print(x.argmax(axis=0),x.diagonal())  #纵向最大值的下标，对角线元素
           print(x.nonzero())        #非0元素下标，分别返回行下标和列下标
```

```
21 6 1 3.5
[[5 7 9]] [[4 5 6]] [[1]
 [4]]
[[2.]
 [5.]] (2, 1)
[[1 1 1]] [[1 5]]
(array([0, 0, 0, 1, 1, 1], dtype=int64), array([0, 1, 2, 0, 1, 2], dtype=int64))
```

4. 矩阵乘法

NumPy 支持矩阵乘法运算，公式：$c_{ij} = \sum_{k=1}^{p} a_{ik}b_{kj}$。

例 16-25：矩阵乘法。

```
In  [18]:  import numpy as np
           x=np.mat([[1,2,3],[4,5,6]])  #mat()是matrix()的简写
           y=np.mat([[1,2],[3,4],[5,6]])
           print(x*y)
```

```
[[22 28]
 [49 64]]
```

5. 相关系数矩阵

相关系数矩阵是一个对称矩阵，其中对角线都是 1，表示自相关；其他位置表示元素互相关数，所有元素绝对值都小于等于 1，反映数据之间的相似程度。非对角线元素>1，表示对应数据正相关；非对角线元素=0，表示不相关；非对角线元素<0，表示负相关。NumPy用 corrcoef()函数计算相关系数矩阵，绝对值的大小表示数据的相关性多少。

例 16-26：使用 corrcoef() 函数计算相关性。

```
In  [27]:  import numpy as np
           print(np.corrcoef([1, 2, 3, 4], [4, 3, 2, 1]))  #表明两数据负相关
           print(np.corrcoef([1, 2, 3, 4], [2, 4, 6, 8]))  #正相关
           print(np.corrcoef([1, 2, 3, 4], [3, 5, 7, 8]))
           print(np.corrcoef([1, 2, 3, 4], [3, 0, 0, 0]))
```

```
[[ 1.  -1.]
 [-1.   1.]]
[[1.  1.]
 [1.  1.]]
[[1.          0.98977827]
 [0.98977827  1.        ]]
[[ 1.          -0.77459667]
 [-0.77459667  1.        ]]
```

6. 计算方差、协方差、标准差

方差用来度量随机变量和其数学期望（均值）之间的偏离程度。计算公式为：各个数据与平均数之差的平方的平均数，即

$$s^2 = \frac{(x_1 - M)^2 + (x_2 - M)^2 + (x_3 - M)^2 + \cdots + (x_n - M)^2}{n}$$

标准差=方差的二次方根

协方差用于衡量两个变量的总体误差。而方差是协方差的一种特殊情况，即当两个变量是相同的情况。计算：如果有 X,Y 两个变量，每个时刻的 "X 值与其均值之差" 乘以 "Y 值与其均值之差" 得到一个乘积，再对这每时刻的乘积求和并求出均值，即为协方差。

$$\text{cov}(X,Y) = \frac{\sum_{i=1}^{n}(X_i - \bar{X})(Y_i - \bar{Y})}{n-1}$$

NumPy 中提供了方差 var()、协方差 cov() 和标准差 std()。

例 16-27：方差、标准差和协方差计算示例。

```
In  [1]:  import numpy as np
          print(np.var([1, 2, 3, 4]), np.std([1, 2, 3, 4]), np.std([4, 3, 2, 1]))  #方差、标准差
          print(np.cov([1, 2, 3, 4], [4, 3, 2, 1]))  #协方差
```

```
1.25 1.118033988749895 1.118033988749895
[[ 1.66666667 -1.66666667]
 [-1.66666667  1.66666667]]
```

7. 计算特征值和特征向量

对于 $n \times n$ 的方阵，如果存在标量 λ 和 n 维非 0 向量 x，使得 $A \cdot x = \lambda x$ 成立，那么称 λ 是方阵 A 的一个特征值，x 为对应于 λ 的特征向量。NumPy 中的线性代数子模块 linalg 提供了用来计算特征值和特征向量的 eig() 函数。

例 16-28：求解 A 矩阵的特征值和特征向量。

```
In [8]: import numpy as np
        A=np.array([[1,2,3],[4,5,6],[7,8,9]])
        e,v=np.linalg.eig(A)       #特征值和特征向量
        print(e,v,sep='\n')
        print(np.isclose(np.dot(A,v),e*v))  #A*v==e*v
```

```
[ 1.61168440e+01 -1.11684397e+00 -1.30367773e-15]
[[-0.23197069 -0.78583024  0.40824829]
 [-0.52532209 -0.08675134 -0.81649658]
 [-0.8186735   0.61232756  0.40824829]]
[[ True  True  True]
 [ True  True  True]
 [ True  True  True]]
```

8. 计算逆矩阵

对于 $n×n$ 的方阵 **A**，如果存在另外一个方阵 **B** 使得二者的乘积为单位矩阵，即 **AB** = **BA** = **I**，称 **A** 是可逆矩阵或者非奇异矩阵，**B** 为矩阵 **A** 的逆矩阵，即 **B**=**A**$^{-1}$，可逆矩阵的行列式不为 0。NumPy 的 linalg 模块提供了 inv() 函数来计算逆矩阵。

例 16-29：求矩阵 **A** 的逆矩阵 **B**。

```
In [28]: import numpy as np
         A=np.matrix(((1,2,3),(4,5,6),(7,8,0)))  #数组也可求inv()，但是*和点乘不一样
         B=np.linalg.inv(A)    #求A的逆矩阵
         print(A,B,A*B,B*A,sep='\n')
         # print(np.dot(A,B),np.isclose(np.dot(A,B),np.dot(B,A)))  #矩阵*和点乘一样
```

```
[[1 2 3]
 [4 5 6]
 [7 8 0]]
[[-1.77777778  0.88888889 -0.11111111]
 [ 1.55555556 -0.77777778  0.22222222]
 [-0.11111111  0.22222222 -0.11111111]]
[[ 1.00000000e+00  5.55111512e-17  1.38777878e-17]
 [ 5.55111512e-17  1.00000000e+00  2.77555756e-17]
 [ 1.77635684e-15 -8.88178420e-16  1.00000000e+00]]
[[ 1.00000000e+00 -1.11022302e-16  0.00000000e+00]
 [ 8.32667268e-17  1.00000000e+00  2.22044605e-16]
 [ 6.93889390e-17  0.00000000e+00  1.00000000e+00]]
```

9. 求解线性方程组

线性方程组

$$\left.\begin{array}{l} a_{11}x_1 + a_{12}x_2 + \cdots + a_{1n}x_n = b_1 \\ a_{21}x_1 + a_{22}x_2 + \cdots + a_{2n}x_n = b_2 \\ \vdots \\ a_{m1}x_1 + a_{m2}x_2 + \cdots + a_{mn}x_n = b_m \end{array}\right\}$$

可以写为：**ax**=**b**，其中 **a** 为 $n×n$ 矩阵，**x** 和 **b** 为 $n×1$ 矩阵。NumPy 的 linalg 模块提供了线性方程组的 solve() 函数和求解线性方程组最小二乘解的 lstsq() 函数。

例 16-30：线性方程组的求解与最小二乘法求解。

```
import numpy as np
a=np.array([[1,2,3],[4,5,6],[7,8,0]])
b=np.array((1,1,1))
x=np.linalg.solve(a,b)  #方程组求解
print(x,np.dot(a,x))
print(np.linalg.lstsq(a,b))  #最新二乘解（解，余项，a的秩，a的奇异值）
```

```
[-1.00000000e+00  1.00000000e+00 -3.70074342e-17] [1. 1. 1.]
(array([-1.00000000e+00,  1.00000000e+00,  1.66533454e-16]), array([], dtype=float64), 3, array([13.20145862,  5.43875711,   0.37604705]))
```

10. 计算向量和矩阵的范数

1）向量范数

1-范数：$\|x\|_1 = \sum_{i=1}^{N} |x_i|$，即向量元素绝对值之和。

2-范数：$\|x\|_2 = (\sum_{i=1}^{N} |x_i|^2)^{\frac{1}{2}}$，即计算向量模的长度。

∞-范数：$\|x\|_\infty = \max_i |x_i|$，即所有向量元素绝对值中的最大数。

$-\infty$范数：$\|x\|_{-\infty} = \max_i |x_i|$，即所有向量元素绝对值中的最小值。

p-范数：$\|x\|_p = (\sum_{i=1}^{N} |x_i|^p)^{\frac{1}{p}}$，即向量元素绝对值的 p 次方和的 $1/p$ 次幂。

2）矩阵范数

1-范数：$\|A\|_1 = \max_j \sum_{i=1}^{m} |a_{i,j}|$，列和范数，所有矩阵列向量绝对值之和的最大值。

2-范数：$\|A\|_2 = \sqrt{\lambda_1}$，$\lambda_1$ 为 $A^{\mathrm{T}}A$ 的最大特征值，谱范数，即 $A^{\mathrm{T}}A$ 矩阵的最大特征值的开平方。

∞-范数：$\|A\|_\infty = \max_i \sum_{j=1}^{n} |a_{i,j}|$，行和范数，即所有矩阵行向量绝对值之和的最大值。

F-范数：$\|A\|_F = \left(\sum_{i=1}^{m} \sum_{j=1}^{n} |a_{i,j}|^2\right)^{\frac{1}{2}}$，Frobenius 范数，即矩阵元素绝对值的平方和再开平方。

NumPy 的 linalg 模块提供了 norm() 来实现向量范数和矩阵范数的求解。

用法为：np.linalg.norm(x, ord=None, axis=None, keepdims=False)

参数释义：

x：向量或矩阵。

ord：范数类型（ord=1，ord=2，ord=np.inf（表示∞），ord='fro'）。

axis：维度，axis=1（按行向量处理），axis=0（按列向量处理），axis=0（表示矩阵范数）。

keepdims：是否保留计算范数时指定的维度，True 为保留，False 为不保留。

例 16-31：向量范数和矩阵范数的求解。

```
In [21]:  import numpy as np
          a=np.array([1, 2, 3, 4, 5, 6])
          print(np.linalg.norm(a), np.linalg.norm(a, 1)   #向量默认2范数
              , np.linalg.norm(a, np.inf), np.linalg.norm(a, 2))
          b=np.array([[1, 2, 3], [4, 5, 6]])
          print(np.linalg.norm(b), np.linalg.norm(b, 1)   #矩阵默认F-范数
              , np.linalg.norm(b, np.inf), np.linalg.norm(b, 2))
          print(np.linalg.norm(b, ord=2, axis=1)   #keepdims默认False
              , np.linalg.norm(b, ord=2, axis=1, keepdims=True))
```

```
9.539392014169456 21.0 6.0 9.539392014169456
9.539392014169456 9.0 15.0 9.508032000695724
[3.74165739 8.77496439] [[3.74165739]
 [8.77496439]]
```

11. 奇异值分解

奇异值分解非常有用，对于矩阵 $A_{m \times n}$，存在 $U_{m \times m}$，$V_{n \times n}$，$S_{m \times n}$，满足 $A = USV$。U 和 V 分别是 A 的奇异向量，而 S 是 A 的奇异值。AA^T 的正交单位特征向量组成 U，A^TA 的正交单位特征向量组成 V，特征值（与 AA^T 相同）组成 SS^T。因此，奇异值分解和特征值问题紧密联系。

奇异值分解在统计中的主要应用为主成分分析（PCA），它是一种数据分析方法，用来找出大量数据中所隐含的"模式"，它可以用在模式识别、数据压缩等方面。PCA 算法的作用是把数据集映射到低维空间中去。数据集的特征值（在 SVD 中用奇异值表征）按照重要性排列，降维的过程就是舍弃不重要的特征向量的过程，而剩下的特征向量构成的空间为降维后的空间。

NumPy 中 linalg 模块提供了 svd() 进行奇异值分解。

例 16-32：用 svd() 求解矩阵奇异值。

```
In [41]: import numpy as np
         a=np.array([[1, 2, 3], [4, 5, 6]])
         u, s, v=np.linalg.svd(a)   #分别求出a的分解矩阵u, s, v
         print(u, s, v)
         print(u.shape, s.shape, v.shape)
         smat=np.zeros(a.shape)
         smat[:s.shape[0], :s.shape[0]]=np.diag(s)  #smat扩展了s
         print(np.dot(u, np.dot(smat, v)))   #a=u·s·v

[[-0.3863177  -0.92236578]
 [-0.92236578  0.3863177 ]] [9.508032    0.77286964] [[-0.42866713 -0.56630692 -0.7039467 ]
 [ 0.80596391  0.11238241 -0.58119908]
 [ 0.40824829 -0.81649658  0.40824829]]
(2, 2) (2,) (3, 3)
[[1. 2. 3.]
 [4. 5. 6.]]
```

12. 函数向量化

NumPy 中提供的大量函数都具有向量化的特点，可以利用 NumPy 中的 vectorize() 向量化原来不支持此功能的函数。

例 16-33：向量化 math 库中的 factorial()，求解矩阵每个元素的阶乘；用 sin() 求解矩阵中每一个元素的 sin 值。

```
In [51]: import numpy as np
         import math
         a=np.array([[1, 2, 3], [4, 5, 6]])
         vecFactorial=np.vectorize(math.factorial)  #factorial()向量化
         vecSin=np.vectorize(math.sin)   #sin () 向量化
         print(vecSin(a))
         print(vecFactorial(a))

[[ 0.84147098  0.90929743  0.14112001]
 [-0.7568025  -0.95892427 -0.2794155 ]]
[[  1   2   6]
 [ 24 120 720]]
```

16.3 小　结

本章讲述了 NumPy 中数组和矩阵的创建、属性及相应函数应用，知识点结构如下。

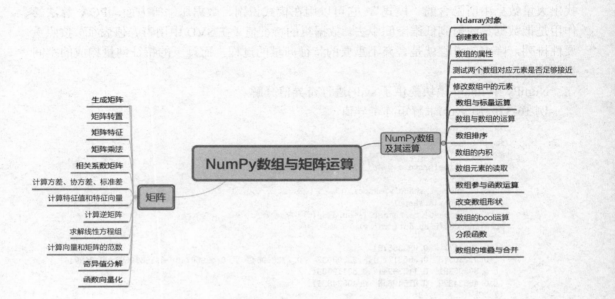

第 17 章　Pandas 数据分析

Pandas 是 Python 语言的一个扩展程序库，用于数据分析。Pandas 是一个开放源码、BSD 许可的库，提供高性能、易于使用的数据结构和数据分析工具。Pandas 名字衍生自术语"panel data"（面板数据）和"Python data analysis"（Python 数据分析）。Pandas 是一个强大的分析结构化数据的工具集，基础是 NumPy（提供高性能的矩阵运算）。Pandas 可以从各种文件格式（如 CSV、JSON、SQL、Microsoft Excel）中导入数据。Pandas 可以对各种数据进行运算操作，如归并、再成形、选择，还有数据清洗和数据加工特征，享有数据分析"三剑客之一"的盛名（NumPy、Matplotlib、Pandas）。Pandas 已经成为 Python 数据分析的必备高级工具，它的目标是成为强大、灵活、可以支持任何编程语言的数据分析工具。Pandas 广泛应用在学术、金融、统计学等各个数据分析领域。

17.1　Pandas 常用数据类型

Pandas 主要处理的数据结构如下：
——Series，带标签的一维数组；
——DatetimeIndex，时间序列；
——DataFrame，带标签且大小可变的二维表格结构；
——Panel，带标签且大小可变的三维数组。

1. 一维数组及常用操作

Series 是 Pandas 提供的一维数组，由索引和值两部分构成，类似于字典。如果创建的时候没有明确指明索引，默认为从 0 开始的正整数作为索引。

例 17-1：一维数组的创建。

```
In [8]:  import pandas as pd
         s1=pd.Series(range(1,20,5))
         s2=pd.Series({'语文':90,'数学':80,'python':95})
         print(s1)
         print(s2)
```

```
0      1
1      6
2     11
3     16
dtype: int64
语文        90
数学        80
python    95
dtype: int64
```

例 17-2: 一维数组的常见操作。

```
In [12]:  import pandas as pd
          s1=pd.Series(range(1,15,5))
          print(s1+5,s1.add_prefix(1),max(s1),sep='\n')
```

```
0      6
1     11
2     16
dtype: int64
10     1
11     6
12    11
dtype: int64
11
```

```
In [18]:  import pandas as pd
          import matplotlib.pyplot as plt
          s2=pd.Series({'语文':60,'数学':80,'python':95,'英语':78,'物理':50})
          s2.hist()  #s2数据的直方图
          plt.show()
```

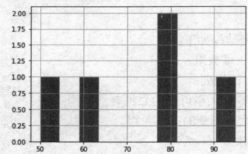

```
In [31]:  import pandas as pd
          import matplotlib.pyplot as plt
          s2=pd.Series({'语文':60,'数学':80,'python':75})
          print(s2.add_suffix('_赵一'))
          print(s2.idxmax(),s2.max())  #最大值的索引,值
          print(s2.between(70,80))
```

```
语文_赵一       60
数学_赵一       80
python_赵一    75
dtype: int64
数学 80
语文        False
数学         True
python     True
dtype: bool
```

```
In [6]:  import pandas as pd
         s2=pd.Series({'语文':60,'数学':80,'python':75})
         print(s2.median(),s2[s2>s2.median()]) #s2的中值、大于中值的数据
         print(s2.nsmallest(2))   #s2中最小的2个数据

         75.0 数学    80
         dtype: int64
         语文      60
         python  75
         dtype: int64
```

```
In [18]:  import pandas as pd
          print(pd.Series(range(3)+pd.Series(range(10,13)))) #等长数组相加
          print(pd.Series(range(3)).pipe(lambda x,y:x**y,3)) #pipe()函数实现x的三次方
          print(pd.Series(range(3)).apply(lambda x:x**3).pipe(lambda x:x**2)) #apply()实现x三次方

          0    10
          1    12
          2    14
          dtype: int64
          0    0
          1    1
          2    8
          dtype: int64
          0    0
          1    1
          2    64
          dtype: int64
```

```
In [25]:  import pandas as pd
          x=pd.Series(range(4))
          print(x.std(),x.var(),x.sem())#标准差、无偏方差、无偏标准差
          print(any(x),all(x))  #x中是否存在等价于True的值、是否所有值都等价于True

          1.2909944487358056 1.6666666666666667 0.6454972243679028
          True False
```

2. 时间序列及常用操作

时间序列对象可以用 Pandas 中的 date_range()函数生成，可指定日期时间的起始和结束范围、时间间隔、数据数量等参数。语法如下：

```
date_range(start=None, end=None, periods=None, freq=None, tz=None,
           normalize=False, name=None, closed=None, **kwargs)
```

其中：

（1）参数 start 和 end 分别制定起止日期；

（2）参数 periods 指要生成的数据数量；

（3）参数 freq 指时间间隔，默认为 'D'，表示两个相邻日期相差一天。

另外，Pandas 中 Timestamp 类也支持很多时间日期相关操作。

例 17-3：各种时间序列的生成。

```
In [52]: import pandas as pd
         print(pd.date_range('20220801','20221001',3))
         print(pd.date_range('20220801','20221001',freq='10D')) #D:day, W:week, H:hour
         print(pd.date_range('20220801','20221001',freq='MS')) #M:月末最后一天；MS: 月初第一天
         print(pd.date_range('20220801',periods=3,freq='Y')) #T:分钟；Y: 年末最后一天；YS: 第一天
```

```
DatetimeIndex(['2022-08-01 00:00:00', '2022-08-31 12:00:00',
               '2022-10-01 00:00:00'],
              dtype='datetime64[ns]', freq=None)
DatetimeIndex(['2022-08-01', '2022-08-11', '2022-08-21', '2022-08-31',
               '2022-09-10', '2022-09-20', '2022-09-30'],
              dtype='datetime64[ns]', freq='10D')
DatetimeIndex(['2022-08-01', '2022-09-01', '2022-10-01'], dtype='datetime64[ns]', freq='MS')
DatetimeIndex(['2023-01-01', '2024-01-01', '2025-01-01'], dtype='datetime64[ns]', freq='AS-JAN')
```

例 17-4：将时间序列作为索引。

```
In [61]: import pandas as pd
         import numpy as np
         data=pd.Series(np.random.randint(1000,2000,12),pd.date_range('20220101',periods=12,freq='M'))
         print(data[:3],data[1],data['20220131'])
```

```
2022-01-31    1297
2022-02-28    1591
2022-03-31    1492
Freq: M, dtype: int32 1591 1297
```

```
In [62]: print(data.resample('3M').sum())    #3个月重采样求和
         print(data.resample('5M').mean())   #5个月重采样计算均值
         print(data.resample('5M').ohlc())    #ohlc表示: open、high、low、close
```

```
2022-01-31    1297
2022-04-30    4191
2022-07-31    4505
2022-10-31    3907
2023-01-31    3421
Freq: 3M, dtype: int32
2022-01-31    1297.0
2022-06-30    1461.2
2022-11-30    1454.8
2023-04-30    1444.0
Freq: 5M, dtype: float64
            open  high  low   close
2022-01-31  1297  1297  1297  1297
2022-06-30  1591  1650  1108  1465
2022-11-30  1390  1977  1184  1977
2023-04-30  1444  1444  1444  1444
```

```
In [63]: data.index=data.index+pd.Timedelta('2')    #索引+2秒
         data.index=data.index+pd.Timedelta('2D')   #索引+2天
         print(data[:3])
```

```
2022-02-02 00:00:00.000000002    1297
2022-03-02 00:00:00.000000002    1591
2022-04-02 00:00:00.000000002    1492
dtype: int32
```

例 17-5：常用 Pandas 的日期时间处理。

```
In [75]: import pandas as pd
         print(pd.Timestamp('20220821').day_name()) #查看指定日期是周几？
         print(pd.Timestamp('20220821').is_leap_year) #判断指定日期是否闰年
         day=pd.Timestamp('20220821')
         print(day.quarter,day.month)  #查看day对应的季度和月份
         print(day.to_pydatetime(),'          ',day)  #转换为python的日期时间对象
         print(type(day.to_pydatetime()),type(day))
```

```
Sunday
False
3 8
2022-08-21 00:00:00          2022-08-21 00:00:00
<class 'datetime.datetime'> <class 'pandas._libs.tslibs.timestamps.Timestamp'>
```

3. 二维数组 DataFarme

DataFrame 是 Python 中 Pandas 库中的一种数据结构，它类似 Excel，是一种二维表，由索引（index）、列名（columns）和值（values）三部分组成，如下图所示。

index		语文	数学	英语	← columns
	张三	90	85	79	
	李四	80	85	75	← values
	王五	75	60	70	

Pandas 中提供了多种形式创建 DataFrame 结构，也支持使用 read_csv()、read_excel()、read_json()、read_hdf()、read_html()、read_gbq()、read_pickle()、read_sql_table()、read_sql_query()等函数从不同的源数据读取并创建 DataFrame 结构，同时也提供对应的 to_excel()、to_csv()等系列方法将数据写回。

这里主要讲授用代码直接创建 DataFrame。

例 17-6：多种方法创建 DataFrame。

```
In [3]: import numpy as np
        import pandas as pd
        df=pd.DataFrame(np.random.randint(1,20,(3,4)),
                        index=range(1,4),
                        columns=['A','B','C','D'])
        print(df)

            A  B  C  D
        1  14  7  13  11
        2   9  2  19   7
        3  15  2  19  17
```

```
In [5]: df=pd.DataFrame({'语文':[78,89,67,90],   #用字典创建
                         '数学':[90,60,100,50],
                         '英语':[80,70,95,88]},
                        index=['张三','李四','王五','赵六'])
        print(df)

             语文  数学  英语
        张三   78   90   80
        李四   89   60   70
        王五   67  100   95
        赵六   90   50   88
```

```
In [4]: import pandas as pd
        df=pd.DataFrame({'A':range(5,10),'B':3}) #使用默认索引
        print(df) #B列自动扩充

           A  B
        0  5  3
        1  6  3
        2  7  3
        3  8  3
        4  9  3
```

```
In [16]: pd.set_option('display.unicode.east_asian_width',True) #设置结果列对齐
         df=pd.DataFrame(np.random.randint(5,15,(4,3)),
                     index=pd.date_range('202208200900',periods=4,freq='H'),
                     columns=['熟食','化妆品','日用品'])
         print(df)
```

```
                      熟食   化妆品   日用品
2022-08-20 09:00:00   12    11     8
2022-08-20 10:00:00   10     7     5
2022-08-20 11:00:00   10     8    12
2022-08-20 12:00:00   10    11     6
```

17.2　DataFrame 数据处理与分析

1. 读取 Excel 数据

本节通过处理 Excel 文件中的某超市销售数据来演示 Pandas 读取 Excel 文件创建 DataFrame 类型对象和 DataFrame 结构常用操作。文件名为：超市营业额.xlsx，文件包括：工号、姓名、日期、时段、交易额、柜台等 6 列数据。日期范围为 2022 年 8 月 1 日至 2022 年 8 月 31 日。部分数据如下所示。

	A	B	C	D	E	F
1	工号	姓名	日期	时段	交易额	柜台
2	1001	张三	2022/8/1	9：00-14：00	1,664	化妆品
3	1002	李四	2022/8/1	14：00-21：00	954	化妆品
4	1003	王五	2022/8/1	9：00-14：00	1407	食品
5	1004	赵六	2022/8/1	14：00-21：00	1,320	食品
6	1005	周七	2022/8/1	9：00-14：00	994	日用品
7	1006	钱八	2022/8/1	14：00-21：00	1421	日用品
8	1006	钱八	2022/8/1	9：00-14：00	1226	蔬菜水果
9	1001	张三	2022/8/1	14：00-21：00	1442	蔬菜水果
10	1001	张三	2022/8/2	9：00-14：00	1530	化妆品

例 17-7：读取超市营业额文件，按指定要求选择数据显示。

```
In [17]: import pandas as pd          #使用相对路径
         df=pd.read_excel('./超市营业额.xlsx',usecols=['工号','姓名','时段','交易额'])
         print(df[:6])  #读取前六行工号、姓名、时段、交易额数据
         df=pd.read_excel('./超市营业额.xlsx',skiprows=[1,3],index_col=1) #跳过第1、3行
         print(df[:4])  #将姓名列作为索引
```

```
     工号   姓名       时段         交易额
0   1001   张三    9：00-14：00   1664.0
1   1002   李四    14：00-21：00   954.0
2   1003   王五    9：00-14：00   1407.0
3   1004   赵六    14：00-21：00   1320.0
4   1005   周七    9：00-14：00    994.0
5   1006   钱八    14：00-21：00   1421.0
       工号         日期            时段      交易额      柜台
姓名
李四   1002  2022-08-01   14：00-21：00    954.0   化妆品
赵六   1004  2022-08-01   14：00-21：00   1320.0     食品
周七   1005  2022-08-01    9：00-14：00    994.0   日用品
钱八   1006  2022-08-01   14：00-21：00   1421.0   日用品
```

2. 筛选符合特定条件的数据

DataFrame 结构支持对行列进行切片，也支持访问特定的行列数据，或者符合特定条件的数据。DataFrame 提供了 loc、iloc、at、iat 等访问方式，其中 iloc、iat 使用整数来指定行和列；loc、at 使用下标指定行列。

例 17-8：DataFrame 常用方法访问数据。

```
In [16]: import pandas as pd
         pd.set_option('display.unicode.ambiguous_as_wide',True) #列对齐
         pd.set_option('display.unicode.east_asian_width',True)
         df=pd.read_excel('./超市营业额.xlsx',)
         print(df.iloc[5],df.iloc[1:3,1:4],df.iloc[[1,4],[1,4]],sep='\n') #iloc()指定行列整数下标
```

```
工号                    1006
姓名                    钱八
日期       2022-08-01 00:00:00
时段            14：00-21：00
交易额                  1421.0
柜台                   日用品
Name: 5, dtype: object
      姓名      日期          时段
1   李四 2022-08-01  14：00-21：00
2   王五 2022-08-01   9：00-14：00
      姓名   交易额
1   李四   954.0
4   周七   994.0
```

```
In [44]: print(df[1:3][['工号','姓名','柜台']],df[['姓名','日期','柜台']][1:3],sep='\n')
```

```
      工号  姓名   柜台
1   1002  李四  化妆品
2   1003  王五   食品
      姓名      日期    柜台
1   李四 2022-08-01  化妆品
2   王五 2022-08-01   食品
```

```
In [72]: print(df.loc[[1,2,3],['姓名','日期','交易额']])
         print(df.loc[3,'姓名'],df.iloc[3,1])      #loc与at、iloc与iat功能相仿
         print(df.at[3,"姓名"],df.iat[3,1])
```

```
      姓名      日期   交易额
1   李四 2022-08-01   954.0
2   王五 2022-08-01  1407.0
3   赵六 2022-08-01  1320.0
赵六 赵六
赵六 赵六
```

```
In [90]: print(df[df['交易额']>8000])
         print(df['交易额'].max(),df['交易额'].sum())
         print(df[df['姓名']=='张三']['交易额'].sum())     #张三的交易额总数
         print(df[(df['时段']=='14：00-21：00') & (df['姓名']=='张三')]['交易额'].sum())
         print(df[df['姓名'].isin(['张三','李四','赵六'])]['交易额'].max())
         print(df[df['交易额'].between(800,810)])
```

```
        工号  姓名      日期          时段     交易额    柜台
105   1001  张三 2022-08-14   9：00-14：00  12100.0  日用品
223   1003  王五 2022-08-28   9：00-14：00   9031.0   食品
12100.0 327257.0
58130.0
23659.0
12100.0
        工号  姓名      日期          时段    交易额      柜台
86    1003  王五 2022-08-11   9：00-14：00   801.0  蔬菜水果
163   1006  钱八 2022-08-21   9：00-14：00   807.0  蔬菜水果
```

3. 查看数据特征和统计信息

在分析数据时，需要查看数据的数量、平均值、标准差、最大值、最小值、四分位数

等特征，DataFrame 提供了很好的支持。

例 17-9：查看数据的特征与统计信息。

```
In [106]: import pandas as pd,os
          path=os.getcwd()
          df=pd.read_excel(path+'\超市营业额.xlsx')  #读取文件使用绝对地址
          print(df['交易额'].describe())
          print(df['交易额'].quantile([0,0.25,0.5]))
```

```
count     246.000000
mean     1330.313008
std       904.300720
min        53.000000
25%      1031.250000
50%      1259.000000
75%      1523.000000
max     12100.000000
Name: 交易额, dtype: float64
0.00      53.00
0.25    1031.25
0.50    1259.00
Name: 交易额, dtype: float64
```

```
In [118]: print(df['交易额'].median())  #交易额中值
          print(df.nsmallest(3,'交易额'))
          print(df.nlargest(2,'交易额'))  #交易额最大的2条记录
          print(df['日期'].max())  #最后日期
          print(df['工号'].min())
```

```
1259.0
       工号  姓名     日期            时段          交易额    柜台
76   1005  周七  2022-08-10   9:00-14:00      53.0  日用品
97   1002  李四  2022-08-13  14:00-21:00      98.0  日用品
194  1001  张三  2022-08-25  14:00-21:00     114.0  化妆品
       工号  姓名     日期            时段          交易额    柜台
105  1001  张三  2022-08-14   9:00-14:00   12100.0  日用品
223  1003  王五  2022-08-28   9:00-14:00    9031.0  食品
2022-08-31 00:00:00
1001
```

```
In [127]: index=df['交易额'].idxmin()   #最小交易额下标
          print(index,df.loc[index,'交易额'])
          index=df['交易额'].idxmax()   #最大交易额下标
          print(index,df.loc[index,'交易额'])
```

```
76 53.0
105 12100.0
```

4. 按不同标准对数据排序

DataFrame 结构支持 sort_index()方法沿着某个方向按标签进行排序并默认返回一个新的 DataFrame 对象。语法如下：

```
sort_index(axis=0,level=None,ascending=True,inplace=False,kind='quicksort',
           na_position='last',sort_remaining=True)
```

（1）当参数 axis=0 时，表示根据行索引标签进行排序，当参数 axis=1 时，表示根据列

名排序。

（2）参数 ascending=True 表示升序排序，ascending=False 表示降序排序。

（3）参数 inplace=True 表示原地排序，inplace=False 表示返回新的 DataFrame 对象。

此外，DataFrame 结构还支持 sort_values()方法根据值排序，其格式如下：

sort_values(by,axis=0,ascending=True,inplace=False,kind='quicksort',na_position='last')

（1）参数 by 用来指定依据哪些列名进行排序。

（2）参数 ascending 含义同上，如果 ascending 为若干 bool 值的列表（必须与 by 指定的列表长度相等），可以为不同的列指定不同的顺序。

（3）参数 na_position 用来指定缺失值放在最前面（na_position='first'），还是放在最后（na_position='last'）。

例 17-10：根据索引或者值排序的应用举例。

```
In  [59]:  import pandas as pd
           pd.set_option('display.unicode.ambiguous_as_wide',True)
           pd.set_option('display.unicode.east_asian_width',True)
           df=pd.read_excel('./超市营业额.xlsx')  #按交易额、工号降序排序
           print(df.sort_values(by=['交易额','工号'],ascending=False)[:5])
```

```
        工号  姓名    日期          时段          交易额    柜台
105    1001  张三  2022-08-14  9：00-14：00  12100.0   日用品
223    1003  王五  2022-08-28  9：00-14：00   9031.0    食品
113    1002  李四  2022-08-15  9：00-14：00   1798.0   日用品
136    1001  张三  2022-08-17  14：00-21：00  1798.0    食品
188    1002  李四  2022-08-24  14：00-21：00  1793.0  蔬菜水果
```

```
In  [65]:  #按照交易额降序，工号升序排序
           print(df.sort_values(by=['交易额','工号'],ascending=[False,True])[:5])
           print(df.sort_index(axis=1,ascending=True)[:5])#按照列名Unicode编码排序
```

```
        工号  姓名    日期          时段          交易额    柜台
105    1001  张三  2022-08-14  9：00-14：00  12100.0   日用品
223    1003  王五  2022-08-28  9：00-14：00   9031.0    食品
136    1001  张三  2022-08-17  14：00-21：00  1798.0    食品
113    1002  李四  2022-08-15  9：00-14：00   1798.0   日用品
188    1002  李四  2022-08-24  14：00-21：00  1793.0  蔬菜水果
       交易额  姓名  工号      日期          时段          柜台
0    1664.0  张三  1001  2022-08-01  9：00-14：00   化妆品
1     954.0  李四  1002  2022-08-01  14：00-21：00  化妆品
2    1407.0  王五  1003  2022-08-01  9：00-14：00    食品
3    1320.0  赵六  1004  2022-08-01  14：00-21：00   食品
4     994.0  周七  1005  2022-08-01  9：00-14：00   日用品
```

5. 使用分组与聚合对员工业绩进行汇总

DataFrame 结构支持使用 groupby()方法根据指定的一列或多列值进行分组，然后对分组 groupby 对象进行求和、求均值等操作，并自动忽略非数字列。格式如下：

```
groupby(by=None,axis=0,level=None,as_index=True,sort=True,group_keys=True,
                        squeeze=False,**kwargs)
```

（1）参数 by 用来指定作用于 index 的函数、字典、series 对象，或者指定列名作为分组依据。

（2）当 as_index=False 时，用来分组的列中数据不作为结果 DataFrame 对象的 index。

（3）当 squeeze=True 时，会在可能情况下降低结果对象的维度。

此外，DataFrame 还支持使用 agg()方法对指定列进行聚合，并且允许不同列使用不同聚合函数。

例 17-11：DataFrame 中 groupby()的应用。

```
In [84]: import pandas as pd , numpy as np
         df=pd. read_excel('./超市营业额.xlsx')
         print(df. groupby(by=lambda n:n%5)['交易额']. sum())#根据lambda作用于index分组求和
         print(df. groupby(by={5:'下标为5的行',15:'下标为15的行'})['交易额']. sum())
```

```
0    72823.0
1    64884.0
2    62382.0
3    71094.0
4    56081.0
Name: 交易额, dtype: float64
下标为15的行    1179.0
下标为5的行     1421.0
Name: 交易额, dtype: float64
[0 1 2 3 4 5 6 7 8 9]
```

```
In [103]: print(df. groupby(by='时段')['交易额']. sum())
          print(df. groupby(by='柜台')['交易额']. sum())
```

```
时段
14: 00-21: 00    151235.0
9: 00-14: 00     176029.0
Name: 交易额, dtype: float64
柜台
化妆品    75389.0
日用品    88162.0
蔬菜水果   78532.0
食品     85181.0
Name: 交易额, dtype: float64
```

```
In [134]: x=df. groupby(by='姓名')['日期']. count()
          x.name='上班次数'
          print(x)
```

```
姓名
周七    42
张三    38
李四    47
王五    40
赵六    45
钱八    37
Name: 上班次数, dtype: int64
```

```
In [139]: print(df. groupby(by='姓名')['交易额']. mean().round(2).sort_values())
```

```
姓名
周七    1195.45
赵六    1245.98
李四    1249.57
钱八    1322.72
王五    1472.30
张三    1529.92
Name: 交易额, dtype: float64
```

In [151]: `print(df.groupby(by='姓名').sum()['交易额'].apply(int))` *#.sum()默认求和所有数字列*

```
姓名
周七    47818
张三    58137
李四    58730
王五    58892
赵六    56069
钱八    47618
Name: 交易额, dtype: int64
```

In [160]: `ddf=df.groupby(by='姓名').median()` *#求每人的中值*
`ddf['排名']=ddf['交易额'].rank(ascending=False)` *#rank () 给出了名次*
`print(ddf[['交易额','排名']].sort_values(by='排名'))` *#按名次排序*

```
        交易额    排名
姓名
钱八    1381.0    1.0
张三    1290.0    2.0
李四    1276.0    3.0
王五    1227.0    4.0
赵六    1224.0    5.0
周七    1134.5    6.0
```

In [161]: `print(df.groupby(by=['姓名','时段'])['交易额'].sum())` *#按姓名不同时段交易额求和*

```
姓名    时段
周七    14:00-21:00    15910.0
        9:00-14:00     31908.0
张三    14:00-21:00    23666.0
        9:00-14:00     34471.0
李四    14:00-21:00    32295.0
        9:00-14:00     26435.0
王五    14:00-21:00    17089.0
        9:00-14:00     41803.0
赵六    14:00-21:00    29121.0
        9:00-14:00     26948.0
钱八    14:00-21:00    33154.0
        9:00-14:00     14464.0
Name: 交易额, dtype: float64
```

In [164]: `print(df.groupby(by=['姓名'])['时段','交易额'].aggregate({'交易额':np.sum,'时段':lambda x:'各时段累计'}))`

```
        交易额        时段
姓名
周七    47818.0    各时段累计
张三    58137.0    各时段累计
李四    58730.0    各时段累计
王五    58892.0    各时段累计
赵六    56069.0    各时段累计
钱八    47618.0    各时段累计
```

In [171]: `print(df.agg({'交易额':['sum','mean','min','max','median'],'日期':['min','max','median']}))`

```
            交易额              日期
sum      327264.000000        NaT
mean       1330.341463        NaT
min          53.000000    2022-08-01
max       12100.000000    2022-08-31
median     1259.000000    2022-08-16
```

223

```
In  [178]: print(df.groupby(by='姓名').agg(['max','min','mean','sum']))
```

	工号				交易额			
	max	min	mean	sum	max	min	mean	sum
姓名								
周七	1005	1005	1005.0	42210	1778.0	53.0	1195.450000	47818.0
张三	1001	1001	1001.0	38038	12100.0	114.0	1529.921053	58137.0
李四	1002	1002	1002.0	47094	1798.0	98.0	1249.574468	58730.0
王五	1003	1003	1003.0	40120	9031.0	801.0	1472.300000	58892.0
赵六	1004	1004	1004.0	45180	1775.0	825.0	1245.977778	56069.0
钱八	1006	1006	1006.0	37222	1737.0	807.0	1322.722222	47618.0

```
In  [173]: print(df.groupby(by='姓名').agg({'交易额':['max','min','mean','median','sum']}))
```

	交易额				
	max	min	mean	median	sum
姓名					
周七	1778.0	53.0	1195.450000	1134.5	47818.0
张三	12100.0	114.0	1529.921053	1290.0	58137.0
李四	1798.0	98.0	1249.574468	1276.0	58730.0
王五	9031.0	801.0	1472.300000	1227.0	58892.0
赵六	1775.0	825.0	1245.977778	1224.0	56069.0
钱八	1737.0	807.0	1322.722222	1381.0	47618.0

```
In  [179]: print(df.groupby(by='姓名').agg(['max','min','mean','sum'])['交易额'])
```

	max	min	mean	sum
姓名				
周七	1778.0	53.0	1195.450000	47818.0
张三	12100.0	114.0	1529.921053	58137.0
李四	1798.0	98.0	1249.574468	58730.0
王五	9031.0	801.0	1472.300000	58892.0
赵六	1775.0	825.0	1245.977778	56069.0
钱八	1737.0	807.0	1322.722222	47618.0

6. 超市交易数据中的异常值处理

在对数据进行实质性分析之前，首先需要清理数据中的噪声，如异常值、缺失值、重复值和不一致的数据。

异常值是严重超出正常范围的数值，这些数据一般是采集错误导致的，在数据分析时，需要把这些数据删除或者替换为特定的值，减少对最终数据分析结果的影响。

例 17-12：异常值的查询及替换。

```
In  [40]: import pandas as pd
          pd.set_option('display.unicode.ambiguous_as_wide',True)
          pd.set_option('display.unicode.east_asian_width',True)
          df=pd.read_excel(r'./超市营业额.xlsx')
          print(df[df.交易额<200])  #也可以用df['交易额']<200
          df.loc[df.交易额<200,'交易额']=df[df.交易额<200].交易额*1.5
          # df.loc[df.交易额<200,'交易额']=df[df.交易额<200].交易额.map(lambda x:x*1.5)
          print(df[df.交易额<200])
```

	工号	姓名	日期	时段	交易额	柜台
76	1005	周七	2022-08-10	9：00-14：00	53.0	日用品
97	1002	李四	2022-08-13	14：00-21：00	98.0	日用品
194	1001	张三	2022-08-25	14：00-21：00	114.0	化妆品
	工号	姓名	日期	时段	交易额	柜台
76	1005	周七	2022-08-10	9：00-14：00	79.5	日用品
97	1002	李四	2022-08-13	14：00-21：00	147.0	日用品
194	1001	张三	2022-08-25	14：00-21：00	171.0	化妆品

```
In [43]: print(df[(df.交易额>3000) | (df.交易额<200)])
```

```
         工号   姓名      日期          时段        交易额   柜台
76      1005   周七  2022-08-10   9:00-14:00    79.5   日用品
97      1002   李四  2022-08-13  14:00-21:00   147.0   日用品
105     1001   张三  2022-08-14   9:00-14:00  12100.0   日用品
194     1001   张三  2022-08-25  14:00-21:00   171.0   化妆品
223     1003   王五  2022-08-28   9:00-14:00  9031.0   食品
```

```
In [46]: df[df.交易额<200]=200  #把<200的交易额固定为200
         df[df.交易额>3000]=3000  #把>200的交易额固定为3000
         print(df[(df.交易额<200) | (df.交易额>3000)].交易额.count())
```

```
0
```

7. 处理超市交易数据中的缺失值

由于人为失误或者机器故障，可能导致某些数据丢失。在数据分析时应检查有没有缺失的数据，如果有则将其删除或者替换为特定的值，以减少对最终数据分析结果的影响。

DataFrame 结构使用 dropna()方法丢弃带有缺失值的数据行，或者使用 fillna()方法对缺失值进行批量替换，当然也可以用 loc()、iloc()直接对符合条件的数据进行替换。

dropna()语法如下：

```
dropna(axis=0,how='any',thresh=None,subset=None,inplace=False)
```

参数说明如下。

（1）how='any'时表示某行只要有缺失值就"丢弃"，how='all'时表示某行全行都为缺失值时才"丢弃"。

（2）thresh 用来指定保留包含几个非缺失值数据的行。

（3）subset 用来指定在判断缺失值时只考虑哪些列。

用于填充缺失值的 fillna()方法格式如下：

```
fillna(value=None,method=None,axis=None,inplace=False,limit=None,downca
st=None,**kwargs)
```

参数说明如下。

（1）value 用来指定要替换的值，该值可以是标量、字典、Series 或者 DataFrame。

（2）method 用来指定填充缺失值的方式，值为 pad 或者 ffill 时表示使用扫描过程中最后一个有效值填充直到遇到下一个有效值；值为 backfill 或者 bfill 时表示使用缺失值后遇到的第一个有效值向前填充。

（3）limit 用来指定设置了参数 method 时最多填充多少个连续的缺失值。

例 17-13：查找缺失值的行，进行数据替换。

```
In [49]: from copy import deepcopy
         import pandas as pd
         df=pd.read_excel('./超市营业额.xlsx')
         print(len(df),len(df.dropna()))  #dropna()丢弃了有缺失值的3行
         print(df[df['交易额'].isnull()])
```

```
249 246
         工号   姓名      日期          时段        交易额   柜台
110     1005   周七  2022-08-14  14:00-21:00    NaN   化妆品
124     1006   钱八  2022-08-16  14:00-21:00    NaN   食品
168     1005   周七  2022-08-21  14:00-21:00    NaN   食品
```

```
In [56]: ddf=deepcopy(df) #深复制一份数据，不影响原数据
         ddf.loc[ddf.交易额.isnull(),'交易额']=1000 #缺失值改为1000
         print(ddf.loc[[110,124,168]])
```

	工号	姓名	日期	时段	交易额	柜台
110	1005	周七	2022-08-14	14：00-21：00	1000.0	化妆品
124	1006	钱八	2022-08-16	14：00-21：00	1000.0	食品
168	1005	周七	2022-08-21	14：00-21：00	1000.0	食品

```
In [61]: ddf=deepcopy(df)
         for i in ddf[ddf.交易额.isnull()].index:  #使用每人交易额的均值替换缺失值
             ddf.loc[i,'交易额']=round(ddf.loc[ddf.姓名==ddf.loc[i,'姓名'],'交易额'].mean())
         print(ddf.iloc[[110,124,168]])
```

	工号	姓名	日期	时段	交易额	柜台
110	1005	周七	2022-08-14	14：00-21：00	1195.0	化妆品
124	1006	钱八	2022-08-16	14：00-21：00	1323.0	食品
168	1005	周七	2022-08-21	14：00-21：00	1195.0	食品

```
In [84]: df.fillna({'交易额':round(df['交易额'].mean()*0.8)},inplace=True) #使用总体均值的80%填充
         print(df.iloc[[110,124,168],:])
```

	工号	姓名	日期	时段	交易额	柜台
110	1005	周七	2022-08-14	14：00-21：00	1064.0	化妆品
124	1006	钱八	2022-08-16	14：00-21：00	1064.0	食品
168	1005	周七	2022-08-21	14：00-21：00	1064.0	食品

8. 处理超市交易数据中的重复值

当记录失误，可能会导致重复数据的时候，一般的处理方法是直接丢弃重复数据。DataFrame 结构提供了 duplicated()方法检测哪些行重复，其语法如下：

```
duplicated(subset=None,keep='first')
```

参数解释如下。

（1）subset 指定判断不同行的数据是否重复所依据的一列或者多列，默认为整行数据进行比较。

（2）keep='first'时表示重复数据的第一次出现标记为 False（保留第一次的数据），keep='last'时则表示重复数据的最后一次出现标记为 False（保留最后一次的数据）。

另外，DataFrame 结构提供 drop_duplicates()方法来删除重复数据，语法如下：

```
drop_duplicates(subset=None,keep='first",inplace=False)
```

参数含义同上。

例 17-14：重复数据的检测与处理。

```
In [5]: from copy import deepcopy
        import pandas as pd, numpy as np
        pd.set_option('display.unicode.ambiguous_as_wide',True)
        pd.set_option('display.unicode.east_asian_width',True)
        df=pd.read_excel('.\超市营业额.xlsx')
        print(len(df),df[df.duplicated()],sep='\n') #总行数和重复行
```

```
249
```

	工号	姓名	日期	时段	交易额	柜台
104	1006	钱八	2022-08-13	14：00-21：00	1609.0	蔬菜水果

```
In [11]: ddf=deepcopy(df[['工号','姓名','日期','时段']])
         ddf=ddf[ddf.duplicated()]
         for row in ddf.values:    #重复时段上班值
             print(df[(df.工号==row[0]) & (df.日期==row[2]) &(df.时段==row[3])])
```

```
          工号   姓名      日期              时段     交易额       柜台
49   1002   李四  2022-08-07  14: 00-21: 00   1199.0    化妆品
55   1002   李四  2022-08-07  14: 00-21: 00    831.0    蔬菜水果
          工号   姓名      日期              时段     交易额       柜台
103  1006   钱八  2022-08-13  14: 00-21: 00   1609.0    蔬菜水果
104  1006   钱八  2022-08-13  14: 00-21: 00   1609.0    蔬菜水果
          工号   姓名      日期              时段     交易额       柜台
171  1006   钱八  2022-08-22   9: 00-14: 00   1555.0    蔬菜水果
175  1006   钱八  2022-08-22   9: 00-14: 00   1503.0      食品
          工号   姓名      日期              时段     交易额       柜台
201  1004   赵六  2022-08-26   9: 00-14: 00   1599.0    化妆品
210  1004   赵六  2022-08-26   9: 00-14: 00   1257.0    化妆品
```

```
In [35]: df=df.drop_duplicates() #直接丢弃重复值
         print(len(df))
         ddf=df[['工号','姓名']]
         print(ddf.drop_duplicates()) #查看df中去掉重复值的工号和姓名
```

```
248
     工号    姓名
0   1001   张三
1   1002   李四
2   1003   王五
3   1004   赵六
4   1005   周七
5   1006   钱八
```

9. 使用数据差分查看员工业绩波动情况

使用数据差分既可以纵向比较每位员工业绩的波动情况，也可以横向比较不同员工绩效之间的差距。DataFrame 提供了 diff()方法支持进行数据差分，返回新的 DataFrame 结构，语法格式如下：

$$diff(periods=1,axis=0)$$

参数说明如下。

（1）periods 用来指定差分的跨度，当 periods=1 且 axis=0 时表示每一行数据减去紧邻上一行数据；当 periods=2 且 axis=0 时表示每一行数据减去此行上面第二行数据。

（2）当 axis=0 时表示按行进行纵向差分，当 axis=1 时表示按列进行横向差分。

例 17-15：使用 diff()实现数据的纵向差分比较。

```
In [42]: import pandas as pd
         df=pd.read_excel('./超市营业额.xlsx')
         ddf=df.groupby(by='日期').sum()['交易额'].diff() #每天交易额变换情况
         print(ddf.map(lambda n:'%+.2f' % n)[:4])
         print(df[df.姓名=='张三'].groupby(by='日期').sum()['交易额'].diff()[:4])#张三的交易额变换情况
```

```
日期
2022-08-01      +nan
2022-08-02    -248.00
2022-08-03    +924.00
2022-08-04     +56.00
Name: 交易额, dtype: object
日期
2022-08-01       NaN
2022-08-02    -1576.0
2022-08-03     -169.0
2022-08-04     -145.0
Name: 交易额, dtype: float64
```

10. 使用透视表与差分表查看业绩汇总数据

1）透视表

透视表通过聚合一个或者多个键，把数据分散到对应的行和列上，是数据分析常用的技术之一。DataFrame 结构提供了 pivot()方法和 pivot_table()方法来实现透视表所需要的功能，返回新的 DataFrame，pivot()语法格式如下：

$$pivot(index=None, colums=None, values=None)$$

参数说明如下。

（1）index 用来指定使用哪一列数据作为结果 DataFrame 的索引。

（2）columns 用来指定使用哪一列数据作为结果 DataFrame 的列名。

（3）values 用来指定使用哪一列数据作为结果 DataFrame 的值。

DataFrame 中的 pivot_table()方法提供了更加强大的功能，语法如下：

```
pivot_table(values=None,index=None,columns=None,aggfunc='mean',fill_value=None,margins=False,dropna=True,margins_name='All')
```

参数说明如下。

（1）values、index、columns 同上。

（2）aggfunc 用来指定数据的聚合方式，如求平均值、求和、求中值等。

（3）fill_value 用来指定把透视表中缺失值替换为什么值。

（4）margins 用来指定是否显示边界及边界上的数据。

（5）margins_name 用来指定边界数据的索引名称和列名。

（6）dropna 用来表示是否丢弃缺失值。

例 17-16：透视表的使用。

```
In [72]: import pandas as pd
         df=pd.read_excel('./超市营业额.xlsx')
         ddf=df.groupby(by=['姓名','日期'],as_index=False).sum()
         ddf=ddf.pivot(index='姓名',columns='日期',values='交易额') #统计每人每日的总交易额
         print(ddf.iloc[:,:6])
```

日期 姓名	2022-08-01	2022-08-02	2022-08-03	2022-08-04	2022-08-05	2022-08-06
周七	994.0	1444.0	3230.0	2545.0	1249.0	3477.0
张三	3106.0	1530.0	1361.0	1216.0	2247.0	1037.0
李四	954.0	3044.0	1034.0	2734.0	3148.0	822.0
王五	1407.0	2115.0	1713.0	1590.0	1687.0	1200.0
赵六	1320.0	906.0	2309.0	1673.0	974.0	1245.0
钱八	2647.0	1141.0	1457.0	1402.0	1578.0	2361.0

```
In [91]: print(ddf[ddf.sum(axis=1)<50000].iloc[:,:6]) #交易总额<50000的前6天销售额
         print(ddf[ddf.sum(axis=1)<50000].index.values) #交易总额<50000的员工姓名
         print(df.pivot_table(values='交易额',index='姓名',columns='日期',aggfunc='sum',margins=True).iloc[:,:3])
```

日期 姓名	2022-08-01	2022-08-02	2022-08-03	2022-08-04	2022-08-05	2022-08-06
周七	994.0	1444.0	3230.0	2545.0	1249.0	3477.0
钱八	2647.0	1141.0	1457.0	1402.0	1578.0	2361.0

['周七' '钱八']

日期 姓名	2022-08-01 00:00:00	2022-08-02 00:00:00	2022-08-03 00:00:00
周七	994.0	1444.0	3230.0
张三	3106.0	1530.0	1361.0
李四	954.0	3044.0	1034.0
王五	1407.0	2115.0	1713.0
赵六	1320.0	906.0	2309.0
钱八	2647.0	1141.0	1457.0
All	10428.0	10180.0	11104.0

In [95]: `ddf=df.groupby(by=['姓名','柜台'],as_index=False).sum()` *#使用pivot()透视表需要先分组*
`print(ddf.pivot(index='姓名',columns='柜台',values='交易额'))` *#实现透视*

柜台	化妆品	日用品	蔬菜水果	食品
姓名				
周七	9516.0	12863.0	16443.0	8996.0
张三	22975.0	18629.0	7265.0	9268.0
李四	20467.0	10104.0	23263.0	4896.0
王五	10112.0	11357.0	10473.0	26950.0
赵六	12319.0	23286.0	2527.0	17937.0
钱八	NaN	11923.0	18561.0	17134.0

In [98]: *#使用pivot_table()直接实现透视表，每人每天的上班次数*
`print(df.pivot_table(values='交易额',index='姓名',columns='日期',aggfunc='count',margins=True).iloc[:,:3])`

日期	2022-08-01 00:00:00	2022-08-02 00:00:00	2022-08-03 00:00:00
姓名			
周七	1.0	1.0	2.0
张三	2.0	1.0	1.0
李四	1.0	2.0	1.0
王五	1.0	2.0	1.0
赵六	1.0	1.0	2.0
钱八	2.0	1.0	1.0
All	8.0	8.0	8.0

In [99]: *#查看每人在各个柜台上班的次数*
`print(df.pivot_table(values='交易额',index='姓名',columns='柜台',aggfunc='count',margins=True))`

柜台	化妆品	日用品	蔬菜水果	食品	All
姓名					
周七	8.0	11.0	14.0	7.0	40
张三	19.0	6.0	6.0	7.0	38
李四	16.0	9.0	18.0	4.0	47
王五	8.0	9.0	9.0	14.0	40
赵六	10.0	18.0	2.0	15.0	45
钱八	NaN	9.0	14.0	13.0	36
All	61.0	62.0	63.0	60.0	246

2）交叉表

交叉表是一种特殊的透视表，往往用来统计频次，也可以使用参数 aggfunc 指定聚合函数，从而实现其他功能。Pandas 提供了 crosstab() 函数，根据一个 DataFrame 对象中的数据生成交叉表，返回新的 DATaFrame，其语法格式如下：

```
crosstab(index,columns,values=None,rownames=None,colnames=None,aggfunc=
None,margins=False,dropna=True,normalize=False)
```

参数说明如下。

（1）values、index、columns 含义同上。

（2）aggfunc 用来指定聚合函数，默认统计次数。

（3）rownames 和 colnames 分别用来指定行索引和列索引的名字，如果不指定，则直接使用参数 index 和 columns 指定的列名。

例 17-17：用 Pandas 函数实现交叉表。

```
In [120]: print(pd.crosstab(df.姓名,df.柜台).iloc[:3,:]) #每人在各个柜台上班的总数
          print(pd.crosstab(df.姓名,df.柜台,df.交易额,aggfunc='sum').iloc[:3,:]) #每人在柜台交易总额
          print(pd.crosstab(df.姓名,df.柜台,df.交易额,aggfunc='mean').apply(lambda x:round(x,2))) #平均值
```

柜台 姓名	化妆品	日用品	蔬菜水果	食品
周七	9	11	14	8
张三	19	6	6	7
李四	16	9	18	4

柜台 姓名	化妆品	日用品	蔬菜水果	食品
周七	9516.0	12863.0	16443.0	8996.0
张三	22975.0	18629.0	7265.0	9268.0
李四	20467.0	10104.0	23263.0	4896.0

柜台 姓名	化妆品	日用品	蔬菜水果	食品
周七	1189.50	1169.36	1174.50	1285.14
张三	1209.21	3104.83	1210.83	1324.00
李四	1279.19	1122.67	1292.39	1224.00
王五	1264.00	1261.89	1163.67	1925.00
赵六	1231.90	1293.67	1263.50	1195.80
钱八	NaN	1324.78	1325.79	1318.00

11. 使用重采样技术按时间段查看员工业绩

如果 DataFrame 结构中的索引是日期时间数据，或者包含日期时间类型数据列，可以使用 resample()方法进行重采样，实现按时间段进行统计查看员工业绩的功能。语法格式如下：

```
resample(rule,how=None,axis=0,fill_method=None,closed=None,label=None,
convention='start',kind=None,loffset=None,limit=None,base=0,on=None,level=None)
```

参数说明如下。

（1）rule 用来指定重采样时间间隔，如 7D 表示每七天采样一次。

（2）how 用来指定如何处理两个采样时间之间的数据，本参数可能被丢弃。

（3）label='left'表示使用采样周期的起始时间作为结果 DataFrame 的 index；label='right' 表示使用采样周期的结束时间作为结果 DataFrame 的 index。

（4）on 用来指定根据哪一列进行重采样，要求该列数据为日期时间类型。

例 17-18： 重采样在周期统计中的应用。

```
In [1]: import numpy as np,pandas as pd
        df=pd.read_excel('./超市营业额.xlsx')
        print(df.resample('7D',on='日期',label='right').sum().交易额)

        日期
        2022-08-08    73600.0
        2022-08-15    77823.0
        2022-08-22    66003.0
        2022-08-29    79046.0
        2022-09-05    30792.0
        Freq: 7D, Name: 交易额, dtype: float64
```

```
In [13]: #默认为统计的起始日期,平均交易额保留2位小数,计算均值去掉没有交易额的行
         print(df.resample('7D',on='日期',).mean().交易额.apply(lambda x:round(x,2)))

         日期
         2022-08-01    1314.29
         2022-08-08    1389.70
         2022-08-15    1222.28
         2022-08-22    1411.54
         2022-08-29    1283.00
         Freq: 7D, Name: 交易额, dtype: float64
```

```
In [12]: func=lambda x:round(np.sum(x)/len(x),2)  #保留2位小数,计算均值保留没有交易额的行
         print(df.resample('7D',on='日期')['交易额'].apply(func))
```

```
日期
2022-08-01    1314.29
2022-08-08    1365.32
2022-08-15    1178.62
2022-08-22    1411.54
2022-08-29    1283.00
Freq: 7D, Name: 交易额, dtype: float64
```

12. 多索引相关技术与操作

DataFrame 结构支持多个索引,既可以在读取数据时使用 index_col 指定多列作为索引,也可以通过 groupby()方法分组时指定多个索引而得到新的 DataFrame 结构。对于含有多个索引的 DataFrame 结构,在使用 sort_index()方法按索引排序,使用 groupby()方法进行分组时,都可以使用参数 level 指定按哪一级索引进行排序或分组。

例 17-19：多索引统计汇总计算。

```
In [20]: import pandas as pd
         df=pd.read_excel('./超市营业额.xlsx')
         df.drop('工号',axis=1,inplace=True)   #删除工号一列的数据
         df=df.groupby(by=['姓名','柜台']).sum()  #按姓名、柜台分组
         print(df[:5])
```

```
                交易额
姓名  柜台
周七  化妆品      9516.0
    日用品     12863.0
    蔬菜水果    16443.0
    食品       8996.0
张三  化妆品     22975.0
```

```
In [31]: print(df.loc['周七','化妆品'])
         print(df.iloc[[1]],sep='\n')
```

```
交易额   9516.0
Name: (周七, 化妆品), dtype: float64
                交易额
姓名  柜台
周七  日用品     12863.0
```

```
In [20]: df=pd.read_excel('./超市营业额.xlsx',index_col=[1,5])
         df.drop('工号',axis=1,inplace=True)
         ddf=df.sort_index(level='柜台',axis=0)
         # print(ddf[:12]) #按柜台排序查看前12行
         ddf=df.sort_index(level='姓名',axis=0)
         print(ddf[:11])
```

```
                 日期            时段        交易额
姓名  柜台
周七  化妆品  2022-08-11   9:00-14:00    859.0
    化妆品  2022-08-11  14:00-21:00   1633.0
    化妆品  2022-08-12   9:00-14:00   1302.0
    化妆品  2022-08-12  14:00-21:00   1317.0
    化妆品  2022-08-13  14:00-21:00    922.0
    化妆品  2022-08-14  14:00-21:00    NaN
    化妆品  2022-08-15  14:00-21:00    916.0
    化妆品  2022-08-16  14:00-21:00   1246.0
    化妆品  2022-08-31  14:00-21:00   1321.0
    日用品  2022-08-01   9:00-14:00    994.0
    日用品  2022-08-02   9:00-14:00   1444.0
```

```
In [17]:  ddff=ddf.groupby(level='柜台').sum()  #按柜台求和
          ddff.columns=['交易额总和']
          print(ddff)
```

```
              交易额总和
柜台
化妆品          75389.0
日用品          88162.0
蔬菜水果         78532.0
食品           85181.0
```

```
In [19]:  ddff=ddf.groupby(level='姓名').median()  #按姓名求中值
          ddff.columns=['交易额中值']
          print(ddff)
```

```
             交易额中值
姓名
周七          1134.5
张三          1290.0
李四          1276.0
王五          1227.0
赵六          1224.0
钱八          1381.0
```

13. 使用标准差与协方差分析员工业绩

1）标准差公式与含义

对于给定的一组数据，标准差是每一个样本值与全体样本均值的差的平方和的平均值的平方根，即

$$\sigma = \sqrt{\frac{1}{n}\Big[(x_1 - \overline{x})^2 + (x_2 - \overline{x})^2 + \cdots + (x_n - \overline{x})^2\Big]}$$

为了进行无偏分析上式也常写作

$$\sigma = \sqrt{\frac{1}{n-1}\Big[(x_1 - \overline{x})^2 + (x_2 - \overline{x})^2 + \cdots + (x_n - \overline{x})^2\Big]}$$

其中，$x_1, x_2, \cdots, x_n$ 表示该组数据中每一个样本值，$\overline{x}$ 表示该组数据所有样本的均值。

标准差是对一组数据分散程度或波动程度的一种度量，也是对数据不确定性或不稳定性的一种度量。对于一组特定数据，如果标准差较大则代表大部分数值和平均值之间有较大差异，如果标准差较小则表示这些数值接近平均值。

当应用于投资时，标准差可以作为度量回报稳定性的重要指标。标准差数值越大，代表回报远离平均值，回报不稳定，所以风险高。相反，标准差越小，代表回报比较稳定，所以风险也就比较小。

2）协方差定义与含义

两组数据 X 和 Y 的协方差计算公式为

$$\text{cov}(X,Y) = E\{[X - E(X)][Y - E(Y)]\}$$

其中，$E(X)$ 表示 X 的均值。

对于多组数据，可以使用协方差描述数据之间的相关性。如果两组数据 X 和 Y 的协方差为正值，则说明两者是正相关；结果为负值则说明两者是负相关；如果为 0 则说明两组数据在统计上是"相互独立"的。

为了方便分析多组数据之间的相关性，可以使用协方差矩阵。协方差矩阵对角线上分别是各组数据的方差，非对角线上表示对应两组数据的协方差。协方差大于 0 表示对应数据正相关（一个增加，另一个也增加），小于 0 表示对应数据负相关（一个增加，另一个相应减少）。协方差绝对值越大，两组数据间彼此影响越大，反之则越小。如果 X 和 Y 是统计独立的，那么二者之间的协方差为 0。方差是协方差的特殊情况，即两个变量相同。

3）使用 Pandas 计算数据的标准差与协方差

DataFrame 结构的 std()方法可以计算标准差，cov()方法可以计算协方差。

例 17-20：计算并比较数据的标准差和协方差。

```
In [8]:  import pandas as pd
         df=pd.DataFrame({'A':[2,2,2,2,2],'B':[0,1,2,3,4],'C':[5,10,0,-2,-3],'D':[50,30,1,-40,-31]})
         #print(df.mean()) #均值为2
         print(df.std()**2) #方差=标准差的平方
         print(df.cov()) #协方差，对角线是方差
```

```
         A       0.0
         B       2.5
         C      29.5
         D    1485.5
         dtype: float64
             A     B       C        D
         A  0.0   0.0    0.00     0.00
         B  0.0   2.5   -7.00   -58.00
         C  0.0  -7.0   29.50   175.75
         D  0.0 -58.0  175.75  1485.50
```

4）使用标准差和协方差分析不同柜台的业绩

下面的代码首先读取 Excel 文件中的数据，删除重复值和缺失值，修正异常值，使用交叉表得到每个员工在不同柜台的交易额平均值，最后计算不同柜台的交易额数据的标准差和协方差。

例 17-21：标准差、协方差在超市营业额数据中的应用。

```
In [17]:  import pandas as pd
          df=pd.read_excel('./超市营业额.xlsx',usecols=['姓名','日期','时段','柜台','交易额'])
          df.dropna(inplace=True) #丢弃缺失值
          df.drop_duplicates(inplace=True) #丢弃重复值
          df.loc[df.交易额<200,'交易额']=200 #处理异常值
          df.loc[df.交易额>3000,'交易额']=3000
          ddf=pd.crosstab(df.姓名,df.柜台,df.交易额,aggfunc='mean')#交叉表得到不同员工不同柜台交易额
          print(ddf.std()) #标准差
          print(ddf.cov()) #协方差
```

```
          柜台
          化妆品       36.480497
          日用品      159.008839
          蔬菜水果     60.331171
          食品      105.063072
          dtype: float64
          柜台              化妆品          日用品        蔬菜水果          食品
          柜台
          化妆品       1330.826697  -2296.460562   923.019793    686.818011
          日用品      -2296.460562  25283.810853 -1030.111953   3015.976530
          蔬菜水果     923.019793  -1030.111953  3639.850206  -3923.345820
          食品         686.818011   3015.976530 -3923.345820  11038.249014
```

结果表明：化妆品标准差较小，说明不同员工在化妆品柜台交易额相差不大；食品和

蔬菜水果协方差绝对值较大，说明其中一个柜台交易额上涨，另一个柜台交易额会大幅度下降。

14. 绘制各员工在不同柜台业绩平均值的柱状图

DataFrame 结构的 plot()方法可以直接绘制折线图、柱状图、饼状图等各类形状的图形来展示数据，绘图时会自动调用扩展库 matplotlib 功能。在对 DataFrame 结构中的数据进行可视化时，既可以直接使用 plot()方法的 kind 参数指定图形的形状，也可以使用 plot 类的 line()、bar()或者其他方法绘制相应形状的图形。

例 17-22：使用 DataFrame 中的 plot 方法绘制柱状图。

```
In [11]: import pandas as pd,matplotlib.pyplot as plt,matplotlib.font_manager as fm
         df=pd.read_excel('./超市营业额.xlsx')
         # df.loc[df.交易额>3000,'交易额']=3000 #异常数据处理
         # df.loc[df.交易额<200,'交易额']=200
         df.drop_duplicates(inplace=True) #去掉重复值
         # df['交易额'].fillna(df['交易额'].mean(),inplace=True) #填充缺失值
         df_group=pd.crosstab(df.姓名,df.柜台,df.交易额,aggfunc='mean').apply(round)
         df_group.plot(kind='bar') #对交叉表绘制柱状图
         font=fm.FontProperties(fname=r'C:\Windows\Fonts\STKAITI.ttf')
         plt.xlabel('员工业绩分布',fontproperties='simhei')
         plt.xticks(fontproperties='simhei')
         plt.legend(prop=font)
         plt.show()
```

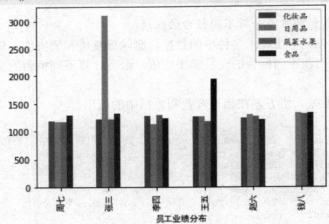

15. 查看 DataFrame 的内存占用情况

DataFrame 结构的 memory_usage()方法可以查看内存占用情况，返回一个 Series 对象。

例 17-23：使用 memory_usage()方法查看内存占用情况。

```
In [17]: import pandas as pd
         df=pd.read_excel('./超市营业额.xlsx')
         print(df['交易额'].memory_usage()) #查看交易额列占用内存情况
         print(df.memory_usage()) #查看df占用内存情况
         print(df.memory_usage().sum()) #内存占用总额
         print(df.info()) #使用df.info()查看内存占用情况
```

16. 数据拆分与合并

用户在处理数据时，有时候会需要对来自多个 Excel 文件中的数据或者一个 Excel 文件中的多个 Worksheet 中的数据进行合并，也可能需要把数据拆分成多个 DataFrame 再写入不同的文件。

1）concat()函数与 append()方法

根据不同需要，可以对 DataFrame 使用切片或 loc 等运算按行或者列进行拆分，得到多个 DataFrame 结构。作为逆操作，Pandas 提供了 concat()函数用于合并多个 DataFrame 结构，语法如下：

```
concat(objs,axis=0,join='outer',join_axes=None,ignore_index=False,keys=None,levels=None,names=None,verify_integrity=False,copy=True)
```

（1）参数 objs 表示包含多个 Series、DataFrame 或 Panel 对象的序列。

（2）参数 axis 默认为 0，表示按行纵向合并和扩展。其他参数可以通过 help(pd.concat)进行查看。

另外，也可以使用 DataFrame 结构的 append()方法进行合并，语法格式如下：

```
append(other,ignore_index=False,verify_integrity=False)
```

仍然使用"超市营业额.xlsx"文件数据，在 sheet2 中包含与 sheet1 相同的数据格式，演示数据拆分与合并。

例 17-24：用 concat()和 append()进行数据的拆分和合并。

```
In [2]:  import pandas as pd
         pd.set_option('display.unicode.ambiguous_as_wide',True) #列对齐
         pd.set_option('display.unicode.east_asian_width',True)
         df=pd.read_excel('./超市营业额.xlsx')
         df5=pd.read_excel('./超市营业额.xlsx',sheet_name='Sheet2')
         df1=df[:3] #截取前3行数据
         df2=df[50:53] #截取50-52行数据
         df3=pd.concat((df1,df2,df5)) #进行行合并
         df4=df1.append([df2,df5],ignore_index=True) #用append（）进行行合并
         df6=df.loc[:,['姓名','柜台','交易额']] #进行列拆分
         print(df1,df2,df3,df4,df6[:5],sep='\n')
```

2）merge()函数与 join()方法

DataFrame 结构的 merge()方法可以实现数据表连接操作类似的合并功能，语法格式如下：

```
merge(right,how='inner',on=None,left_on=None,right_on=None,left_index=False,right_index=False,sort=False,suffixes=('_x','_y'),copy=True,indicator=False)
```

参数描述如下。

（1）right 表示另一个 DataFrame 结构。

（2）how 的取值可以是 left、right、outer 或 inner 之一，表示数据连接的方式。

（3）on 用来指定连接时依据的列名或包含若干列名的列表，要求指定的列名在两个 DataFrame 中都存在，如果没有任何参数指定连接键，则根据两个 DataFrame 的列名交集进行连接。

（4）left_on 和 right_on 分别用来指定连接时依据的左侧列名标签和右侧列名标签。

Pandas 提供了一个顶级同名函数 merge()，用法与 DataFrame 的 merge()方法类似。另外 DataFrame 结构的 join()方法也可以实现按列对左表和右表合并，如果右表 other 索引与左表某列的值相同可以直接连接，如果要根据右表 other 中某列的值与左表进行连接，需要先对右表 other 调用 set_index()方法设定该列作为索引。join()方法格式如下：

```
join(other,on=None,how='left',lsuffix=' ',rsuffix=' ',sort=False)
```

参数描述如下。

（1）other 表示另一个 DataFrame 结构，也就是右表。

（2）on 用来指定连接时依据的左表列名，如果不指定则按左表索引 index 的值进行连接。

（3）how 含义同前文。

（4）lsuffix 和 rsuffix 用来指定列名的后缀。

仍然使用"超市营业额.xlsx"文件数据，在 sheet3 中包含了每一位员工的职级，下面演示 merge()和 join()的使用方法。

例 17-25：用 merge()和 join()函数实现数据合并。

```
In [5]:  import numpy as np,pandas as pd
         df1=pd.read_excel('./超市营业额.xlsx')
         df2=pd.read_excel('./超市营业额.xlsx',sheet_name='Sheet3')
         rows=np.random.randint(0,len(df1),5)
         print(pd.merge(df1,df2).iloc[rows,:]) #按同名合并
```

	工号	姓名	日期	时段	交易额	柜台	职级
219	1006	钱八	2022-08-06	9:00-14:00	1162.0	蔬菜水果	员工
175	1005	周七	2022-08-04	14:00-21:00	1199.0	蔬菜水果	员工
231	1006	钱八	2022-08-17	14:00-21:00	840.0	蔬菜水果	员工
181	1005	周七	2022-08-09	9:00-14:00	1012.0	日用品	员工
125	1004	赵六	2022-08-01	14:00-21:00	1320.0	食品	员工

```
In [3]:  print(pd.merge(df1,df2,on='工号',suffixes=['_x','_y']).iloc[rows,:])#按工号合并,指定同名列后缀
```

	工号	姓名_x	日期	时段	交易额	柜台	姓名_y	职级
176	1005	周七	2022-08-05	9:00-14:00	1249.0	日用品	周七	员工
53	1002	李四	2022-08-11	14:00-21:00	1045.0	日用品	李四	主管
108	1003	王五	2022-08-19	14:00-21:00	1026.0	化妆品	王五	组长
52	1002	李四	2022-08-10	9:00-14:00	1478.0	蔬菜水果	李四	主管
26	1001	张三	2022-08-23	9:00-14:00	1296.0	化妆品	张三	店长

```
In [8]:  print(df1.set_index('工号').join(df2.set_index('工号'),lsuffix='_x',
                     rsuffix='_y').iloc[rows,:])  #两表都设置工号为索引
```

	姓名_x	日期	时段	交易额	柜台	姓名_y	职级
工号							
1002	李四	2022-08-04	14:00-21:00	1629.0	化妆品	李四	主管
1005	周七	2022-08-13	14:00-21:00	922.0	化妆品	周七	员工
1005	周七	2022-08-18	9:00-14:00	1329.0	食品	周七	员工
1005	周七	2022-08-14	9:00-14:00	1387.0	蔬菜水果	周七	员工
1003	王五	2022-08-23	9:00-14:00	1695.0	日用品	王五	组长

17.3　小　　结

本章主要介绍了 Pandas 的两种结构 Series 和 DataFrame，以及它们的用法。思维结构图如下：

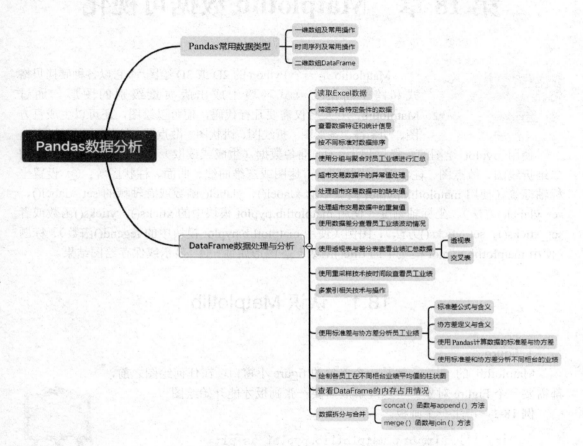

第18章　Matplotlib 数据可视化

Matplotlib 是一个 Python 的 2D 或 3D 绘图库，它以各种硬拷贝格式和跨平台的交互式环境生成出版质量级别的图形。通过 Matplotlib，开发者仅需要几行代码，便可以绘图，还可以生成直方图、功率谱、条形图、折线图、饼状图、散点图、柱状图、雷达图等。

使用 pyplot 绘图的一般过程为：① 准备数据（生成或读取）；② 根据实际需要绘制二维折线图、散点图、柱状图、饼状图、雷达图或三维曲线、曲面、柱状图等；③ 设置坐标轴标签（使用 matplotlib.pyplot 模块中的 xlabel()、ylabel()函数或者轴域的 set_xlabel()、set_ylabel()方法）、坐标轴刻度（使用 matplotlib.pyplot 模块中的 xticks()、yticks()函数或者 set_xticks()、set_yticks()方法）、图例（使用 matplotlib.pyplot 模块中的 legend()函数）、标题（使用 matplotlib.pyplot 模块中的 title()函数）等图形属性；④ 显示或保存绘图结果。

18.1　认识 Matplotlib

1. figure

Matplotlib 的 figure 就是一个单独的 figure 小窗口，在任何绘图之前，都需要一个 Figure 对象。可以理解成需要一张画板才能开始绘图。

例 18-1：产生一个画板。

```
In  [1]: import matplotlib.pyplot as plt
         fig=plt.figure()  #生成一个fig画板对象
```

<Figure size 432x288 with 0 Axes>

2. axes

在拥有 figure 对象之后，在作画前还需要轴，没有轴的话就没有绘图基准，所以需要添加 Axes。也可以理解成为真正可以作画的纸。

例 18-2：在一幅图上添加一个 axes，然后设置这个 axes 的 X 轴及 Y 轴的取值范围。

```
In  [9]: import matplotlib.pyplot as plt
         fig=plt.figure()
         ax=fig.add_subplot(111)
         ax.set(xlim=[0.5,4.5],ylim=[0,8],title='An example Axes',xlabel='X-axis',ylabel='Y-axis')
         plt.show() #显示图形
```

绘图结果如下。

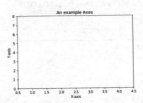

对于上面的 fig.add_subplot（111）就是添加 axes 的，参数的解释为在画板的第 1 行第 1 列的第一个位置生成一个 axes 对象来准备作画。也可以通过 fig.add_subplot（2, 2, 1）的方式生成 axes，前面两个参数确定了面板的划分，例如，2, 2 会将整个面板划分成 2 * 2 的方格，第三个参数取值范围是[1, 2*2]，表示第几个 axes。如下面的例子。

```
In [12]: import matplotlib.pyplot as plt
         fig=plt.figure()
         ax1=fig.add_subplot(221);ax2=fig.add_subplot(222);ax3=fig.add_subplot(223)
         plt.show()
```

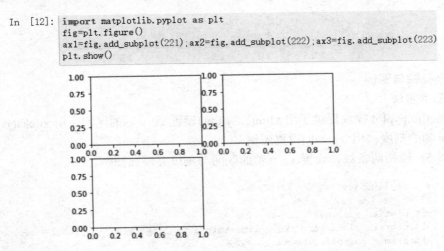

3. multiple axes

可以发现上面添加 axes 的功能似乎不太强大，所以提供了 multiple axes 的方式一次性生成所有 axes。

例 18-3：一次性指定多块画布（画纸）。

```
In [20]: import matplotlib.pyplot as plt
         fig,ax=plt.subplots(nrows=2,ncols=2)
         ax[0,0].set(title='Upper Left')
         ax[0,1].set(title='Upper Right')
         ax[1,0].set(title='Lower Left')
         ax[1,1].set(title='Lower Right')
```

fig 还是熟悉的画板， axes 成了常用二维数组的形式访问，这在循环绘图时，额外好用。

4. plot

当然 Python 也可使用默认画板和画布直接绘图，但是 plot 作画方式只适合简单的绘图，快速地将图绘出。在处理复杂的绘图工作时，还是需要使用 axes 来完成作画的。

例 18-4：使用.plot()方法直接绘图。

```
In [25]: import matplotlib.pyplot as plt
         plt.plot(range(4),range(10, 14),color='lightblue',linewidth=3)
         plt.show()
```

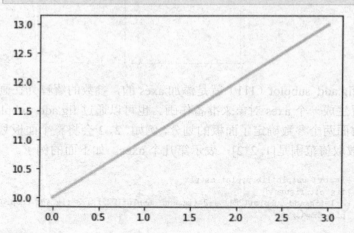

5. 坐标轴与图例

1）基本用法

matplotlib.pyplot 模块提供了用 xlim()、ylim()设置 x、y 轴的区间；用 xticks()、yticks()设置 x、y 轴的刻度；用 legend()设置图例。

例 18-5：绘制两条线，设置 x、y 轴的区间与刻度并添加图例。

```
In [37]: x = np.linspace(-3, 3, 50) #x取值
         y1 = 2*x + 1; y2 = x**2
         plt.plot(x, y2,label='linear line')
         plt.plot(x, y1, color='red', linewidth=1.0, linestyle='--',label='square line')
         plt.xlim(-1,3);plt.ylim(-1,6) #设置x、y轴的区间
         plt.xticks(range(-1,3));plt.yticks(range(6),['zero','one','two'])#设置轴刻度
         plt.legend(loc='upper left')#在左上角添加图例
         plt.show()
```

绘图结果如下。

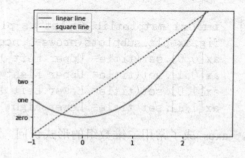

2）调整坐标轴

使用 plt.gca()获取当前画布坐标轴信息，使用.spines 设置边框，一共有{'bottom', 'top', 'left', 'right'}四种值。

例 18-6：接例 18-5，使用.spines 调整坐标轴。

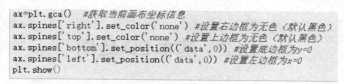

```
ax=plt.gca() #获取当前画布坐标信息
ax.spines['right'].set_color('none') #设置右边框为无色（默认黑色）
ax.spines['top'].set_color('none') #设置上边框为无色（默认黑色）
ax.spines['bottom'].set_position(('data',0)) #设置底边框为y=0
ax.spines['left'].set_position(('data',0)) #设置左边框为x=0
plt.show()
```

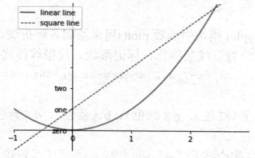

3）注释

Matplotlib 有两种注释函数：annotate()和 text()。text()可将文本放置在轴域的任意位置，可以标注绘图的某些特征。而 annotate()方法提供辅助函数，使标注变得更容易。在标注中，有两个要考虑的点：由参数 xy 表示的标注位置和 xytext 的文本位置。这两个参数都是(x, y)元组。

例 18-7：对直线 $y=2x+1$，给坐标（1,3）点设置标注。

```
In [85]: x0 = 1;y0 = 2*x0 + 1
         x = np.linspace(-3, 3, 50);y = 2*x + 1
         plt.plot(x,y);plt.plot([x0, x0,], [0, y0,], 'k--', linewidth=2.5)
         plt.scatter(x0,y0, s=50, color='b') #确定注释点
         ax=plt.gca() #获取当前画布坐标信息
         ax.spines['top'].set_color('None');ax.spines['right'].set_color('None')
         ax.spines['bottom'].set_position(('data', 0))
         ax.spines['left'].set_position(('data',0))
         plt.annotate(r'2x+1=%d' % y0, xy=(x0, y0), xytext=(1.5, 1),
                 fontsize=16,arrowprops=dict(arrowstyle='->', connectionstyle="arc3,rad=.2"))
         plt.text(-3.7, 3, r'$This\ is\ the\ some\ text. \mu\ \sigma_i\ \alpha_t$',
                 fontdict={'size': 16, 'color': 'r'})
         plt.show()
```

绘图结果如下。

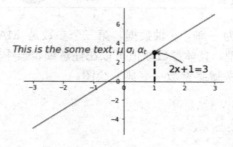

18.2 基本 2D 绘图

1. 线及折线图

 matplotlib.pyplot 模块中函数 plot()用来绘制各种折线、曲线。通过参数来指定图形的端点位置、线条颜色、标记形状、线型等样式。参数格式如下：

```
plot(*args, scalex=True, scaley=True, data=None, **kwargs)
```

args 中的常用参数说明如下。

（1）线条颜色，取值为：r（红色）、g（绿色）、b（蓝色）、c（青色）、m（品红色）、y（黄色）、k（黑色）、w（白色）。

（2）线型，取值为："-"（实心线）、"--"（短划线）、"-."（点划线）和":"（点线）。

（3）标记形状，取值为："."（圆点）、"○"（圆圈）、"∨"（下三角）、"^"（上三角）、"<"（左三角）、">"（右三角）、"*"（五角星）、"+"（加号）、"_"（下划线）、"×"（×符号）、"D"（菱形）。

例 18-8：用 plot()函数画出一系列的点，并且用线将它们连接起来。

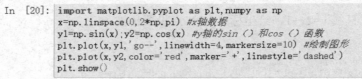

```
In [20]: import matplotlib.pyplot as plt,numpy as np
         x=np.linspace(0,2*np.pi) #x轴数据
         y1=np.sin(x);y2=np.cos(x) #y轴的sin（）和cos（）函数
         plt.plot(x,y1,'go--',linewidth=4,markersize=10) #绘制图形
         plt.plot(x,y2,color='red',marker='+',linestyle='dashed')
         plt.show()
```

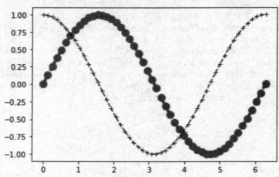

上图，前面两个参数为 x 轴、y 轴数据。第三个参数是 MATLAB 风格的绘图，对应 y2 上的颜色、marker、线型。具体参数取值可以在任意编辑器中输入 help（plt.plot）查询。

例 18-9：通过画布用关键字参数（字典）绘图。

```
In [28]: x = np.linspace(0, 10, 200)
         data_obj = {'x': x,
                     'y1': 2 * x + 1,
                     'y2': 3 * x + 1.2,
                     'mean': 0.5 * x * np.cos(2*x) + 2.5 * x + 1.1}
         fig, ax = plt.subplots() #fig画板，ax画布
         ax.fill_between('x','y1','y2',color='yellow',data=data_obj) #填充两条线之间的颜色
         ax.plot('x','mean',color='black',data=data_obj) #用plot绘制0.5*x*cos（2*x）+2.5*x+1.1
         plt.show()
```

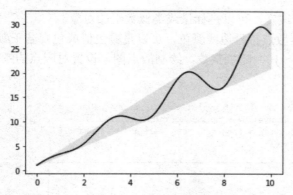

例 18-10：已知某水果商店 2021 年每月的营业额如下表，编写程序绘制折线图。

月份	1	2	3	4	5	6	7	8	9	10	11	12
营业额（万元）	6	5.1	6.5	5.2	6.3	5.8	7.2	7.5	7.1	6.5	5.3	5.6

```
In [52]: import matplotlib.pyplot as plt
         month_money={1:6,2:5.1,3:6.5,4:5.2,5:6.3,6:5.8,
                      7:7.2,8:7.5,9:7.1,10:6.5,11:5.3,12:5.6}
         plt.plot(list(month_money.keys()),list(month_money.values()),'r-.v')
         plt.xlabel('月份',fontproperties='simhei',fontsize=14)#设置字体、大小
         plt.ylabel('营业额（万元）',fontproperties='simhei',fontsize=14)
         plt.title('水果店2021年营业额变化趋势图',fontproperties='simhei',fontsize=18)
         plt.show()
```

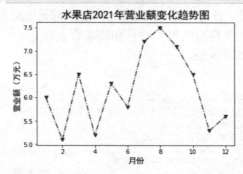

2．散点图

散点图简单来讲就是只画点，不用线连接起来。它主要描述数据在平面或空间的分布，用来帮助分析数据之间的关系。matplotlib.pyplot 模块中的 scatter() 函数可以根据给定数据绘制散点图，语法格式如下：

```
scatter(x,y,s=None,c=None,marker=None,cmap=None,norm=None,vmin=None,
vmax=None,alpha=None,linewidths=None,verts=None,edgecolors=None,*,
plotnonfinite=False, data=None, **kwargs)
```

主要参数说明如下。

（1）x,y：分别指定散点的 x 和 y 坐标，可以是标量或者数组形式的数据。

（2）s：用来指定散点符号的大小。

（3）c：用来指定散点符号的颜色。

（4）marker：用来指定散点符号的形状。

（5）alpha：用来指定散点符号的透明度。

（6）linewidths：用来指定线宽，可以是标量或类似数组的对象。

（7）edgecolors：用来指定散点符号边线颜色，可以是颜色值或包含若干颜色的序列。

例 18-11：产生 10 个（0～10）随机整数，绘制散点图，设置对应点的颜色、大小、形状和透明度。

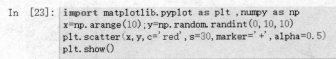

```
In [23]: import matplotlib.pyplot as plt ,numpy as np
         x=np.arange(10);y=np.random.randint(0,10,10)
         plt.scatter(x,y,c='red',s=30,marker='+',alpha=0.5)
         plt.show()
```

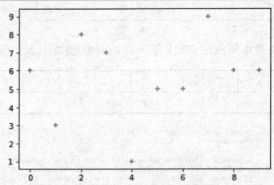

例 18-12：某商品进价 40 元，售价 80 元。现在商场新品上架促销，顾客每多买一件优惠 1%，每人最多购买 30 件。计算并绘制顾客购买数量 num 与商家收益、顾客总消费及顾客省钱情况，标记商场最大收益点的批发数量和商场收益值。

本题难度较大，分解成以下步骤。

（1）绘图及数据初始化。

```
import matplotlib.pyplot as plt, matplotlib
matplotlib.rcParams['font.family']='SimHei' #设置汉字字体
basePrice,salePrice=40,80 #成本、售价
def compute(num): #出售单价跟数量负相关
    return salePrice*(1-0.01*num)
numbers=list(range(1,31)) #顾客可能购买的数量
earns=[];totalConsumption=[];saves=[] #商场盈利、顾客消费总金额、顾客节省金额
```

（2）根据顾客购买量计算真实单价、商场盈利、顾客总消费额和节省金额。

```
for num in numbers:
    perPrice=compute(num) #真实单价
    earns.append(round(num*(perPrice-basePrice),2))#商场盈利
    totalConsumption.append(round(num*perPrice,2))#顾客总消费额
    saves.append(round(num*(salePrice-perPrice),2))#顾客节省金额
```

（3）绘制商家盈利、顾客总消费额和节省额的折线图。

```
plt.plot(numbers,earns,label='商家盈利')
plt.plot(numbers,totalConsumption,label='顾客总消费额')
plt.plot(numbers,saves,label='顾客节省额')
```

（4）设置坐标轴、题目和图例。

```
plt.xlabel('顾客购买数量（件）')
plt.ylabel('金额（元）')
plt.title('数量-金额关系图',fontproperties='stkaiti',fontsize=20)
plt.legend()
```

（5）计算并标记商家盈利最多的点。

```
maxEarn=max(earns)  #商场最大盈利点
bestNum=numbers[earns.index(maxEarn)]
plt.scatter(bestNum,maxEarn,marker='*',color='red',s=120)
#用annotate()函数标记最大值坐标点
plt.annotate(xy=(bestNum,maxEarn),  #箭头终点坐标
             xytext=(bestNum-1,maxEarn+200),  #箭头起点坐标
             s=str(maxEarn),  #箭头显示文本
             arrowprops=dict(arrowstyle='->'))  #箭头样式
plt.show()
```

（6）最终绘图结果如下。

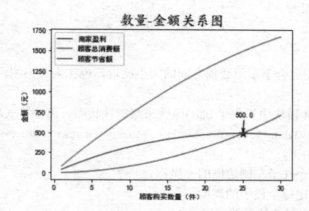

例 18-13：某商场一楼手机信号量不同位置强度不同，绘制其散点图。使用五角星标记测试位置，五角星大小表示信号强弱程度。信号强度<40，使用红色；40≤信号强度<70，使用绿色；信号强度>70，使用蓝色。

步骤分解如下。

（1）初始化并读取数据。

```
import matplotlib.pyplot as plt
xs,ys,strengths=[],[],[]  #x,y坐标轴,信号强度
with open(r'商场一楼手机信号强度.txt') as fp:
    for line in fp:
        x,y,strength=map(int,line.split(','))
        xs.append(x);ys.append(y);strengths.append(strength)
```

（2）绘制散点图。

```
for x,y,s in zip(xs,ys,strengths):
    if s<40:
        color='r'
    elif s<70:
        color='g'
    else:
        color='b'
    plt.scatter(x,y,s=s,c=color,marker='*')
```

（3）设置坐标轴标签及标题。

```
plt.xlabel('长度坐标',fontproperties='stkaiti',fontsize=10)
plt.ylabel('宽 \n度 \n坐 \n标 ',fontproperties='stkaiti',rotation='horizontal')
plt.title('商场内信号强度',fontproperties='stxingkai',fontsize=14)
plt.show()
```

（4）最终绘图结果如下。

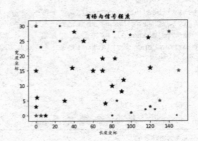

3. 柱状图

柱状图适合于多组数据之间的大小比较，也称为条形图，分为水平和垂直两种。

matplotlib.pyplot 模块中提供了 bar() 函数来绘制柱状图。语法格式如下：

```
bar(x,height,width=0.8,bottom=None,align='center',data=None,**kwargs)
```

部分参数说明如下。

（1）x：指定每个柱子左侧边框的 x 坐标。

（2）height：指定每个柱子的高度。

（3）width：指定每个柱子的宽度。

（4）bottom：指定每个柱子底部边框的 y 坐标。

（5）align：指定柱子的对齐方式，{ 'edge'，'center' }。

例 18-14：绘制垂直和水平柱状图。

```
In [28]: import numpy as np,matplotlib.pyplot as plt
         x = np.arange(5)
         y = np.random.randint(-10,10,5)
         fig, axes = plt.subplots(ncols=2) #产生水平两个子图
         vert_bars = axes[0].bar(x, y, color='blue', align='center')#绘制垂直柱状图
         horiz_bars = axes[1].barh(x, y, color='red', align='center')#绘制水平柱状图
         #在水平或者垂直方向上画线
         axes[0].axhline(0, color='gray', linewidth=2)
         axes[1].axvline(0, color='gray', linewidth=2)
         plt.show()
```

绘图结果如下。

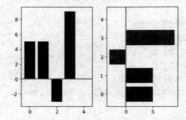

例 18-15：根据例 18-10 中某水果商店 2021 年全年销售数据，绘制柱状图。

```
In [55]: import matplotlib.pyplot as plt
         month_money={1:6,2:5.1,3:6.5,4:5.2,5:6.3,6:5.8,
                     7:7.2,8:7.5,9:7.1,10:6.5,11:5.3,12:5.6}
         for x,y in zip(month_money.keys(),month_money.values()):
             color='#%02x'% int(y*30)+'6666'   #%x是十六进制，根据y的值让红色分量加重
             plt.bar(x,y,color=color,hatch='*',width=0.6,edgecolor='b',linestyle='--',linewidth=1.5)
             plt.text(x-0.3,y+0.2,'%.1f' % y) #显示销售额
         plt.xlabel('月份',fontproperties='simhei')
         plt.ylabel('销售额（万元）',fontproperties='simhei')
         plt.title('水果店销售额',fontproperties='simhei',fontsize=14)
         plt.xticks(range(0,13)) #x轴刻度
         plt.yticks(range(0,9)) #y轴刻度
         plt.ylim(0,9) #y轴跨度设置
         plt.show()
```

绘图结果如下。

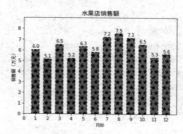

例 18-16：某商场各部门 2021 年每个月业绩见下表，绘制柱状图。

万元

月份	1	2	3	4	5	6	7	8	9	10	11	12
服装	100	120	80	60	85	64	50	45	52	80	86	92
餐饮	70	60	80	100	94	120	115	123	86	85	74	65
化妆品	120	100	90	100	86	65	78	89	86	95	98	102

```
In [62]: import pandas as pd,matplotlib.pyplot as plt,matplotlib
         matplotlib.rcParams['font.family']='SimHei' #设置汉字字体
         data=pd.DataFrame({'月份':[1,2,3,4,5,6,7,8,9,10,11,12],
                           '服装':[100,120,80,60,85,64,50,45,52,80,86,92],
                           '餐饮':[70,60,80,100,94,120,115,123,86,85,74,65],
                           '化妆品':[120,100,90,100,86,65,78,89,86,95,98,102]})
         data.plot(x='月份',kind='bar')
         plt.xlabel('月份',fontproperties='simhei')
         plt.ylabel('营业额（万元）',fontproperties='simhei')
         plt.show()
```

绘图结果如下。

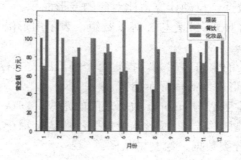

例 18-17：某城市多个路口随机调查了行人是否闯红灯，调查结果见下表，绘制柱状图。

	从不闯红灯	跟随别人闯红灯	带头闯红灯
男性	560	700	100
女性	250	300	50

```
In [71]: import matplotlib.pyplot as plt,pandas as pd,matplotlib.font_manager as fm
         df=pd.DataFrame({'男性':[560,700,100],'女性':[250,300,50]})
         df.plot(kind='bar')
         plt.xticks([0,1,2],['从不闯红灯','跟随别人闯红灯','带头闯红灯'],
                    fontproperties='simhei',rotation=20)
         plt.yticks(list(df['男性'].values)+list(df['女性'].values))
         plt.ylabel('人数',fontproperties='stkaiti',fontsize=14)
         plt.title('过马路方式',fontproperties='stkaiti',fontsize=20)
         font=fm.FontProperties(fname=r'c:/Windows/Fonts/STKAITI.ttf')#设置图例字体
         plt.legend(prop=font)
         plt.show()
```

绘图结果如下。

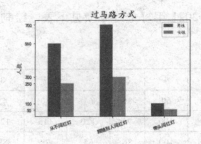

4. 饼状图

饼状图比较适合展示一个总体中各类别数据所占的比例，matplotlib.pyplot 模块中用 pie()函数绘制饼状图，格式如下：

```
pie(x, explode=None, labels=None, colors=None, autopct=None, pctdistance=0.6,
shadow=False, labeldistance=1.1, startangle=None, radius=None, counterclock=
True, wedgeprops=None, textprops=None, center=(0, 0), frame=False, rotatelabels=
False, *, data=None);
```

其中参数说明如下：

（1）x：数组形式的数据，自动计算占比对应的扇形面积。

（2）explode：取值为 None 或者与 x 等长数组，表示扇形沿半径方向相对于圆心的偏移量，正数表示远离圆心。

（3）labels：与 x 等长的字符串序列，指定每个扇形的文本标签。

（4）autopct：指定扇形内部数值显示格式。

（5）pctdistance：指定圆心与 autopct 数据之间的距离，默认 0.6。

（6）startangle：指定饼图第一个扇形起始角度，默认 x 轴正方向为 0 度。

例 18-18：给定 4 个分类数据，绘制饼状图。

```
In [77]:  import pandas as pd,matplotlib.pyplot as plt,matplotlib
          matplotlib.rcParams['font.family']='SimHei' #设置汉字字体
          labels = ['A类','B类','C类','D类'] #标签
          sizes = [15, 30, 45, 10] #数据
          explode = (0, 0.1, 0, 0)  #偏移量
          fig1, (ax1, ax2) = plt.subplots(ncols=2) #画板、画布
          ax1.pie(sizes,labels=labels,autopct='%.1f%%') #第一个饼图
          ax2.pie(sizes,autopct='%.2f%%',startangle=90,explode=explode,pctdistance=1.15) #第二个饼图
          ax2.legend(labels=labels,  bbox_to_anchor=(1.5,1)) #图例显示并设置显示位置
          plt.show()
```

绘图结果显示如下。

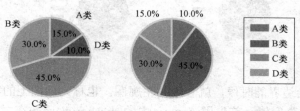

例 18-19： 已知某班数据结构、高等数学、大学语文、Python 课程考试成绩，要求绘制饼状图显示每一门课中优（≥85 分）、良（70～84）、及格（>59）及不及格所占比例。

步骤分解如下。

（1）装入库、准备数据。

```
from itertools import groupby
import matplotlib.pyplot as plt, numpy as np
plt.rcParams['font.family']='Simhei'
scores={'数据结构':np.random.randint(0,101,50),'高等数学':np.random.randint(0,101,50),
        '大学语文':np.random.randint(0,101,50),'python':np.random.randint(0,101,50)}
```

（2）自定义分组函数。

```
def splitScore(score):
    if score>=85:
        return '优'
    elif 85>score>=70:
        return '良'
    elif 70>score>=60:
        return '及格'
    else:
        return '不及格'
```

（3）统计每门课程中优、良、及格、不及格人数。

```
ratios={}
for subject,subjectScore in scores.items():
    ratios[subject]={}
    for category,num in groupby(sorted(subjectScore),splitScore):
        ratios[subject][category]=len(tuple(num))
```

（4）绘制 4 门课程的饼图。

```
fig,axs=plt.subplots(2,2)
axs.shape=4,
for index,subjectData in enumerate(ratios.items()):
    plt.sca(axs[index])
    subjectName,subjectRatio=subjectData
    plt.pie(subjectRatio.values(),labels=subjectRatio.keys(),autopct='%1.1f%%')
    plt.xlabel(subjectName)
    plt.legend( bbox_to_anchor=(1,1))
plt.show()
```

（5）绘图结果如下。

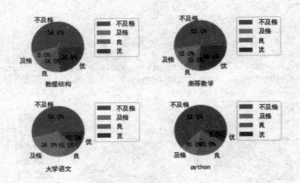

5. 等高线

有时候需要描绘边界的时候，就会用到轮廓图，也称为地图上的等高线。数据集为三维点 (x,y) 和对应的高度值。首先用 numpy 中的 meshgrid()函数在二维平面中将每一个 x 和每一个 y 分别对应起来，编织成栅格形成二维平面坐标；其次用 plt.contourf()函数进行颜色填充（高度值即为颜色值）；接着使用 plt.contour()绘制等高线；最后在等高线上添加高度数字完成最终绘制。

例 18-20：给出 x 和 y 的等差数据，绘制等高线图。

```
In  [181]:  import matplotlib.pyplot as plt, numpy as np
            def f(x,y):#高度函数
                return (1 - x / 2 + x**5 + y**3) * np.exp(-x**2 -y**2)
            n = 100;x = np.linspace(-3, 3, n);y = np.linspace(-3, 3, n)
            X,Y = np.meshgrid(x, y) #x和y形成二维坐标
            plt.contourf(X,Y, f(X,Y),8, alpha=.75, cmap=plt.cm.hot)#按照色系plt.cm.hot填色
            C = plt.contour(X, Y, f(X,Y),8, colors='black')
            plt.clabel(C, inline=True, fontsize=10)#等高线标记
            plt.xticks(());plt.yticks(())#去掉坐标轴标记
            plt.show()
```

绘图结果如下。

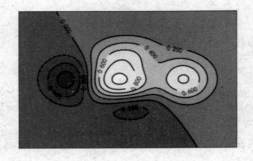

6. 雷达图

雷达图也称为极坐标图、蜘蛛网图等，常用于企业经营状况分析，可以直观表达企业经营状态的全貌，便于企业管理者发现薄弱环节及时改正，也可以发现异常值。matplot.pyplot 模块中的 polar()函数可实现雷达图的绘制。语法如下：

```
plt.polar(*args, **kwargs)
```

其中参数*args 和**kwargs 含义同 plot()函数类似。

例 18-21：绘制毕业学生课程掌握情况的雷达图。

步骤分解如下。

（1）装入库、准备数据。

```
import numpy as np, matplotlib.pyplot as plt
# plt.rcParams['font.family']='Simhei'
courses=['python','数据结构','机器学习','大数据可视化','图像处理','操作系统','Web系统开发','Java']
scores=[85, 78, 90, 87, 42, 65, 70, 75]
angles=np.linspace(0, 2*np.pi, len(scores), endpoint=False)#均分0-2*np.pi
scores.append(scores[0])  #闭合
angles=np.append(angles, angles[0])  #闭合
```

（2）绘制雷达图。

```
plt.polar(angles, scores, 'rv--', linewidth=2)#绘制雷达图
plt.thetagrids(angles*180/np.pi, courses, fontproperties='simhei')#添加标签
plt.fill(angles, scores, facecolor='r', alpha=0.6)#填充雷达图
plt.show()
```

（3）绘图结果如下。

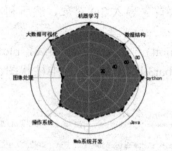

例 18-22：绘制某家庭一年中每个月不同品类商品的开销图。

步骤分解如下。

（1）装入库、准备数据。

```
import random, numpy as np
import matplotlib.pyplot as plt
import matplotlib.font_manager as fm
data={'蔬菜':[random.randint(800, 1500) for i in range(12)],
      '水果':[random.randint(500, 2000) for i in range(12)],
      '肉类':[random.randint(300, 3000) for i in range(12)],
      '日用品':[random.randint(500, 800) for i in range(12)],
      '衣服':[random.randint(100, 2000) for i in range(12)],
      '旅游':[random.randint(0, 3000) for i in range(12)],
      '随礼':[random.randint(0, 3000) for i in range(12)]}
angles=np.linspace(0, 2*np.pi, 12, endpoint=False)#等分12个网格
markers='., ov^s*Ddx<>hH1234_|'  #所有标号类型
```

（2）绘制每个月的不同品类消费情况的雷达图。

```
for col in data.keys(): #分别绘制各品类每月的开销
    color='#'+''.join(map('{0:02x}'.format, np.random.randint(0, 255, 3)))
    plt.polar(angles, data[col], color=color, marker=random.choice(markers), label=col)
plt.thetagrids(angles*180/np.pi, list(map(lambda i:'%d月'% i, range(1, 13))),
                fontproperties='simhei') #设置角度网格标签
font=fm.FontProperties(fname=r'c:\windows\fonts\stkaiti.ttf') #创建字体
plt.legend(prop=font, bbox_to_anchor=(1.1, 1)) #设置图例字样
plt.show()
```

（3）绘图结果如下。

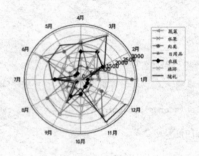

18.3　基本 3D 绘图

1. 初始化
如果要绘制三维图形，需要首先导入 3D 对象，然后利用下面两种方法创建三维图形。

```
ax=fig.gca(projection='3d') 或者 ax=plt.subplot(111,projection='3d')
```

接下来就可以使用 ax 的 plot()方法绘制三维曲线，plot_surface()方法绘制三维曲面，scatter()方法绘制三维散点图或 bar3d()方法绘制三维柱状图。

例 18-23：创建三维框架。

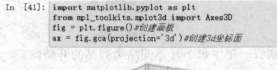

```
import matplotlib.pyplot as plt
from mpl_toolkits.mplot3d import Axes3D
fig = plt.figure()#创建画板
ax = fig.gca(projection='3d')#创建3d坐标面
```

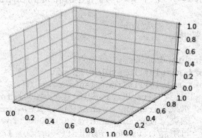

2. 直线（曲线）
基本用法为：ax.plot(x,y,z,label='')，表示在三维空间绘制一条直线（曲线）。

例 18-24：绘制参数曲线。

```
import matplotlib.pyplot as plt,numpy as np
from mpl_toolkits.mplot3d import Axes3D
fig = plt.figure()#创建画板
ax = fig.gca(projection='3d')#创建3d坐标面
theta = np.linspace(-4 * np.pi, 4 * np.pi,100)
z = np.linspace(-4, 4, 100)*0.2
r = z**2 + 1
x = r * np.sin(theta)
y = r * np.cos(theta)
ax.plot(x, y, z, label='parametric curve')
ax.legend()
plt.show()
```

绘图结果如下。

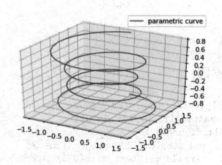

3. 散点

三维绘制散点基本用法如下：

```
ax.scatter(xs, ys, zs, s=20, c=None, depthshade=True, *args, *kwargs)
```

参数说明。

（1）xs,ys,zs：输入数据。

（2）s:scatter 点的尺寸。

（3）c:颜色，如 c = 'r'就是红色。

（4）depthshase：透明化，True 为透明，默认为 True，False 为不透明。

（5）*args 等为扩展变量，如 maker = 'o'，则 scatter 结果为'o'的形状。

例 18-25：绘制三维空间散点图。

```
In [15]: from mpl_toolkits.mplot3d import Axes3D
         import matplotlib.pyplot as plt,numpy as np
         ax=plt.subplot(111,projection='3d')
         for c,m in [('r','o'),('b','^')]:
             x=[np.random.randint(0,100,50)]
             y=[np.random.randint(0,100,50)]
             z=[np.random.randint(0,100,50)]
             ax.scatter(x,y,z,c=c,marker=m)
         ax.set_xlabel('X Label'),ax.set_ylabel('Y Label'),ax.set_zlabel('Z Label')
         plt.show()
```

绘图结果如下。

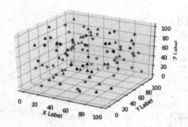

4. 线框图

三维绘制线框图的基本用法如下：

```
            ax.plot_wireframe(X, Y, Z, *args, **kwargs)
```

参数说明如下。

（1）X,Y,Z：输入数据。

（2）rstride：行步长。

（3）cstride：列步长。

（4）rcount：行数上限。

（5）ccount：列数上限。

例 18-26：绘制三维线框图。

```
In [25]: from mpl_toolkits.mplot3d import axes3d
         import matplotlib.pyplot as plt
         fig = plt.figure()
         ax = fig.add_subplot(111, projection='3d')
         X, Y, Z = axes3d.get_test_data(0.1)  #调取axes3d自带测试数据
         ax.plot_wireframe(X, Y, Z, rstride=3, cstride=10)
         plt.show()
```

绘图结果如下。

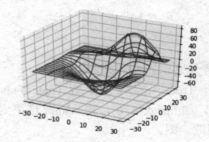

5. 曲面

三维绘制曲面的基本用法如下：

```
ax.plot_surface(X, Y, Z, *args, **kwargs)
```

参数说明如下。

（1）X,Y,Z：数据。

（2）rstride、cstride、rcount、ccount：同 Wireframe plots 定义。

（3）color：表面颜色。

（4）cmap：图层。

例 18-27：绘制三维曲面图。

```
In [53]: import numpy as np,matplotlib.pyplot as plt
         from mpl_toolkits.mplot3d import Axes3D
         fig = plt.figure()
         ax = Axes3D(fig)
         X = np.arange(-8, 8, 0.25)
         Y = np.arange(-8, 8, 0.25)
         X, Y = np.meshgrid(X, Y)     # X 和 Y 编织成栅格
         R = np.sqrt(X ** 2 + Y ** 2)
         Z = np.sin(R)  #生成高度
         surf=ax.plot_surface(X, Y, Z, rstride=1, cstride=1, cmap=plt.get_cmap('rainbow'))
         fig.colorbar(surf, shrink=0.5, aspect=10)
         plt.show()
```

绘图结果如下。

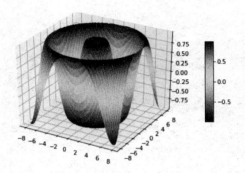

6. 等高线

三维绘制等高线的基本用法如下：

$$ax.contour(X, Y, Z, *args, **kwargs)$$

例 18-28：绘制三维等高线。

```
In [73]: from mp1_toolkits.mplot3d import axes3d
         import matplotlib.pyplot as plt
         from matplotlib import cm
         fig = plt.figure()
         ax = fig.add_subplot(111, projection='3d')
         X, Y, Z = axes3d.get_test_data(0.05)
         ax.contour(X, Y, Z, cmap=cm.coolwarm)
         plt.show()
```

绘图结果如下。

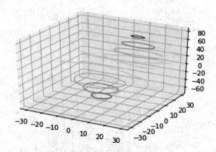

例 18-29：将二维等高线和三维曲面图一起绘制。

```
In [83]: from mp1_toolkits.mplot3d import axes3d
         import matplotlib.pyplot as plt
         from matplotlib import cm
         fig = plt.figure()
         ax = fig.gca(projection='3d')
         X, Y, Z = axes3d.get_test_data(0.05)
         ax.plot_surface(X, Y, Z, rstride=8, cstride=8, alpha=0.3) #绘制曲面
         ax.contour(X, Y, Z, zdir='z', offset=-100, cmap=cm.coolwarm) #绘制x-y平面投影
         ax.contour(X, Y, Z, zdir='x', offset=-40, cmap=cm.coolwarm) #绘制y-z平面投影
         ax.contour(X, Y, Z, zdir='y', offset=40, cmap=cm.coolwarm) #绘制x-z平面投影
         ax.set_xlabel('X'), ax.set_xlim(-40, 40) #设置X轴
         ax.set_ylabel('Y'), ax.set_ylim(-40, 40) #设置Y轴
         ax.set_zlabel('Z'), ax.set_zlim(-100, 100) #设置Z轴
         plt.show()
```

绘图结果如下。

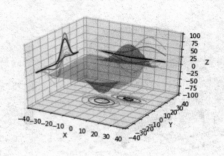

7. 柱状图

1）条形图

三维绘制条形图的基本用法如下：

```
ax.bar(left, height, zs=0, zdir='z', *args, **kwargs)
```

参数说明如下。

（1）x，y，zs = z，数据。

（2）zdir：条形图平面化的方向，具体可以对应代码理解。

例 18-30：在不同的位置绘制多个条形图。

```
In [107]:  from mpl_toolkits.mplot3d import Axes3D
           import matplotlib.pyplot as plt, numpy as np
           fig = plt.figure()
           ax = fig.add_subplot(111, projection='3d')
           for c, z in zip(['r', 'g', 'b', 'y'], [30, 20, 10, 0]):
               xs = np.arange(20)
               ys = np.random.rand(20)
               cs = [c] * len(xs)
               cs[0] = 'c'
               ax.bar(xs, ys, zs=z, zdir='x', color=cs, alpha=0.8)
           ax.set_xlabel('X'), ax.set_ylabel('Y')
           ax.set_zlabel('Z')
           plt.show()
```

绘图结果如下。

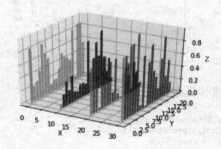

2）柱状图

三维绘制柱状图的基本用法如下：

bar3d(x, y, z, dx, dy, dz, color=None, zsort='average', shade=True, *args, **kwargs)

参数说明如下。

（1）x,y,z：数据的坐标。

（2）dx,dy,dz：柱分别在 x,y,z 轴的宽度。

例 18-31：绘制三维柱状图，颜色随机产生。

```
In [119]: import numpy as np,matplotlib.pyplot as plt,mpl_toolkits.mplot3d
          ax=plt.subplot(projection='3d')
          x=np.random.randint(0,50,10)
          y=np.random.randint(0,50,10)
          z=100*abs(np.sin(x+y))
          for xx,yy,zz in zip(x,y,z):
              color=np.random.random(3)
              ax.bar3d(xx,yy,0,dx=4,dy=4,dz=zz,color=color)
          ax.set_xlabel('X'),ax.set_ylabel('Y'),ax.set_zlabel('Z')
          plt.show()
```

绘图结果如下。

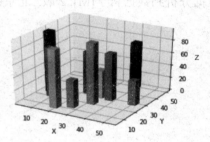

18.4　小　　结

本章主要介绍了运用 matplotlib 库提供的方法，绘制二维图形和三维图形，以及它们的用法。思维结构图如下：

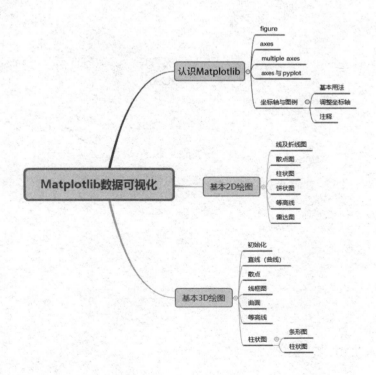

参 考 文 献

[1] 董付国. Python 程序设计基础[M]. 2 版. 北京：清华大学出版社，2018.
[2] 朝乐门. Python 编程从数据分析到数据科学[M]. 2 版. 北京：电子工业出版社，2021.